通识书系·重拾民国经典

人生哲学

杜亚泉◎著

首都经济贸易大学出版社
·北京·

图书在版编目(CIP)数据

人生哲学/杜亚泉著. --北京:首都经济贸易大学出版社,2013.7
(通识书系·重拾民国经典)
ISBN 978-7-5638-2082-5

Ⅰ.①人… Ⅱ.①杜… Ⅲ.①人生哲学—研究 Ⅳ.①B821

中国版本图书馆 CIP 数据核字(2013)第 067131 号

人生哲学
杜亚泉 著

责任编辑 彭 芳
封面设计 砚祥志远·激光照排 TEL: 010-65976003
出版发行 首都经济贸易大学出版社
地　　址 北京市朝阳区红庙(邮编 100026)
电　　话 (010)65976483 65065761 65071505(传真)
网　　址 http://www.sjmcb.com
E-mail publish@cueb.edu.cn
经　　销 全国新华书店
照　　排 北京砚祥志远激光照排技术有限公司
印　　刷 临沂圣贤印刷有限公司
开　　本 880 毫米×1230 毫米 1/32
字　　数 195 千字
印　　张 7.625
版　　次 2013 年 7 月第 1 版 2019 年 10 月第 2 次印刷
书　　号 ISBN 978-7-5638-2082-5/B·52
定　　价 25.00 元

给年轻读者编选的民国学术、文化普及读物

——“通识书系·重拾民国经典”出版总序

这是一套给年轻读者编选的民国人文社会科学方面的学术、文化普及读物。她着眼于将民国那些虽经岁月沉浮，仍不掩其辉的人文社会科学学术、文化普及图书汇而成集，精编细校，统一装帧，以丛书形式陆续重印、推出，目的在于使高中以上文化程度的非专业读者都能够体验民国学术的趣味，感受民国学者的治学风范。

人文社科学术普及读物和学术专著虽然在专业性、受众面等方面有较为明显的区别，但二者对学术积淀、学科发展和文化传承的重要性并无高下之分。相对于学术专著而言，普及读物更带有“通识”的性质，尤其是那些兼具思想性、学术性和可读性，易于为社会公众理解和接受，凝聚着一代学界名流学术素养和研究心血的文化精品，其价值更是自不待言。有鉴于此，注重选题的科学与文化内涵，突出选题内容的可读性和普及性，自然成为贯穿于这套“通识书系·重拾民国经典”丛书出版全程的编辑思想和出版理念。

当然，出版这样一套涵盖众多重要或传统学科门类的丛书，无论是作者、书目、版本的选定，文字的校勘，抑或用当今读者熟悉的简体字横排方式整理、排版，都是一项艰苦细致的工作，何况厘清民国相关出版物的出版脉络、寻找民国相关图

书的底本或线索并不是一件轻而易举的事。我们由衷期望能够得到更多专家学者和广大读者朋友对我们这项工作的关心、指导和帮助，鞭策我们把这套丛书做好。

我国已故著名历史学家、社会活动家周谷城先生在他生前，即20世纪八九十年代主编的“民国丛书”（民国学术著作影印版大型丛书）序言中曾经这样写道：“民国时代，中西文化交流，新旧思想冲突，产生了许多学术著作和历史资料。‘五四’时期及其后的一段时间里，中国几乎变成了世界学术的缩影，各种主义、党派、学派、教派纷纷传入，形形色色，应有尽有。一个时间，中国历史上出现了春秋战国以后的又一次百家争鸣的盛况。在学术思想界、文化教育界，产生了许多前所未有的代表人物和代表著作，呈现出空前繁荣的景象。”我们期许，收入“通识书系 · 重拾民国经典”中的这些作品，能够成为当今读者特别是年轻读者接近乃至步入经典、了解历史与文化的桥梁，成为领略民国时期学术文化风景的窗口。

写在前面

杜亚泉(1873～1933),浙江绍兴人。近代中国百科全书式的学者,著名科普出版家、翻译家。16岁中秀才,18岁应乡试落第,22岁应岁试取全郡榜首。此后不久,受甲午战败刺激,弃经史训诂之学改习数学。1898年应蔡元培之聘,任绍兴中西学堂算学教员。1900年赴上海创办近代中国首家培养科技人才之学校——亚泉学馆,同时创办中国最早的科学期刊——《亚泉杂志》。1904年秋,应张元济、夏瑞芳之邀,任商务印书馆编译所理化部主任,自此在商务印书馆执业达28年之久(据后任商务印书馆总经理的王云五称,杜亚泉"编著关于自然科学的书百数十种",其中有相当数量是教科书;商务印书馆"初期所出理科教科书及科学书籍,大半出于先生手笔")。其间(1911～1920),杜亚泉还兼任商务《东方杂志》主编,经其创新和努力,《东方杂志》成为民国初期最有影响的学术、政论刊物。1932年淞沪战役后,全家回乡避难。1933年12月6日在家乡病逝,享年60岁。

杜亚泉倾其一生之精力和心血编纂教科书,以丰富的著述贡献于科学。1902年编纂的《文学初阶》,为近代中国最早的按语言规律由浅入深编排的国文教科书。到商务印书馆任职后,更奋力践行他要强国必先普及科学,而普及科学的根本途径在于办教育之理念,以《化学工艺宝鉴》《植物学大辞典》《动物学大辞典》以及大量的各类教科书,为中国科学和教育发展奠基，给后人留下了宝贵的科学文化遗产。1932年1月28日，日寇侵犯上海，商务印书馆被炮火焚毁，杜亚泉寓所也未能幸免。率全家避难回乡、变卖家产度日的杜亚泉，将商务印书馆发给他的遣散费400余元悉数购买参考书籍，从上海运至乡间，拖着老迈的身体埋头编译，用一年多时间完成了70余万字的《小学自然科词书》的编撰。此书在他去世后由商务印书馆出版，是他贡献于社会的最后一部著作。

《人生哲学》作为高级中学伦理教科书，1929年8月由商务印书馆出版。全书在讲解生物学、心理学等自然科学常识基础上，结合社会学、伦理学和哲学的探讨，博采中西，广纳众说，严肃地探讨了人生之目的、价值与意义，阐述了由厌世观与乐天观综合而成的改善主义人生观。这部杜亚泉晚年呕心沥血之作，“既以科学方法研求哲理，故周详审慎，力避偏宕，对于各种学说，往往执两端而取中。”（蔡元培语）现在我们将其纳入“通识书系·重拾民国经典”系列图书，重新予以编排出版。民国时代有其语言习惯，作者也有其自己的文字风格。编校工作中，除订正个别文字错讹，并按现行规范用法修改少许标点符号之外，本次出版基本未作其他增删改动。原书中出现的不少书名、专业术语尤其是译名（人名、地名及科学专有名词等）与今不同，还有一些当时流行或通行但现今已不通行的词汇，本次出版也从旧。

相信通过阅读本书，我们既可以比照当时的科学常识，发现80多年来科学的进步；又可以体会杜亚泉先生何以能够知行合一，追求人生价值。

目　录

编辑大意

人生哲学，是现时高级中学校必修的课程，可是什么叫做人生哲学？在我国现时的教育界中，似乎还算是一个问题。有的说："是研究人生观，就是解决人生问题的。"有的说："是研究吾人应当如何生活，就是应当如何行为的。"原来精神科学的论理，四通八达；我们要把人生哲学作这样的解释，也不是一定说不过去。不过论到人生哲学的本义，原是从(Lebensphilosophie)(德文)转译而来；或译为生命哲学(Philosophy of Life)(英文)；乃是以生命为万有中心，尤其以人类的生命为万有中心，而创设的哲学。古代一元论哲学中，以精神为万有本体的，称为唯心论的哲学；以物质为万有本体的，称为唯物论的哲学。依此例推，则以生命为万有中心的哲学，亦可称为唯生论的哲学。

自从这唯生论的哲学即人生哲学创设以后，生物学、心理学、社会学、伦理学、政治学的理论，皆形成一贯。分之为各科之学，合之即为一贯之道。且此等各科学中一切学派学说，皆可根据唯生论以勘定其价值。鄙人以为这新哲学成立后，现代纷杂的思想界，将有统整的希望。十八、十九两世纪，为西洋思想界分化的时期；至二十世纪，将入统整的时期。思想的统整，为社会安定的先驱。西洋各国许多的社会问题，或从此可以和平解决。至于我国，在最近的三四十年间受西洋思想的刺激，社会间发生种种变动，至呈杌陧不安的现象。西洋思想既入统整时期，则其对于我国思想界的影响，亦必伟大。况且我国固有的儒家哲学，本以人生为中心的，孟子所谓“生道”二字，就是“人生哲学”的古义。儒家哲学统一吾国思想，垂二千余年；在过去时期中，已著相当成绩。现时孙中山先生所提倡国民党所信仰的三民主义，其哲学的基础，也就是人生哲学。戴传贤著《孙文学说之哲学的基础》中，称为民生哲学。大抵从自然科学的立场上说，为生命哲学；从社会科学的立场上说，为人生哲学；若专从政治的立场上说，即为民生哲学——其实是没有差别的。用民生哲学来统一现代国民的思想，在最近时期中，已收到特殊的效果；在将来的时期中，其效果将益益伟大。一切国际问题、国内的政治问题，都可以随着民生问题，同时解决了。

我们为吸收西洋现代的新潮，整理我国固有的国粹，以统一国民的思想起见，在高级中学校中，设立人生哲学的科目，诚为必要。鄙人在两三年前，曾一度任中等学校教职，与学生同居宿舍；工作余暇,常在宿舍中与青年学生为长时间的谈话。觉此等青年的思想,除为其日常习处的父兄师友所熏染外,大都从报张杂志上吸收。而现时报张杂志上所揭载,概为断片的常识,没有明确的系统和坚实的根据。所以青年学生,于社会上事物,往往不能为严切密致的批判;于自己的立身处世上,也就往往为时俗的见解所左右,不能自由的建设一理想,以为进取的目的;有时在西籍中节取片词只语,不问其时代与地方的关系,亦不考求其赞成与反对各方面的批评,辄盲从轻信,为其奴隶;甚至政治党派上或国际策略上所宣传的标语口号,亦容易受其暗示而被其利用。西哲利溥斯(Lippsius,1547 ~ 1606)的名言,谓“一切教育及政治的目的,在排除盲性,作成明目的的人间”。鄙人因此曾就近人编译书籍中,选其足以开发青年思想者数种,劝学生阅读;又就生物学、心理学、社会学、哲学、伦理学等科学中,搜辑其新颖警切的理论,每周为学生讲述一次;尤于各科学的名词界说,为学生逐一检查词典,严密注意。惜逾年以后,学校以款绌停止。鄙人乃取搜辑的材料,加以扩充与整理,编为此书,名“人生哲学”。哲学本以统一各科学的知识为职志——现代哲学,尤以生物学、心理学、社会学为基础。而应用方面,尤注重于伦理学。是书即撷取上述各科学的精义,而以人生的发展为中心,把此等科学,连成一片,使青年学生,于万有科学中,得约略窥见其根柢。此固鄙人编辑本书的旨趣;惜学植浅薄,结果的不满意处很多。唯阅者与以亮恕,加以纠正,是为深幸。

是书凡分四章,首末加绪言结论各一篇。绪言为人生哲学的概论;第一章以生物学为主课;第二章以心理学为主课,以论理学方式为辅课;第三章以社会学为主课,以社会问题及三民主义为辅课;第四章则为人生哲学的本论,其主课则在应用部分的伦理学;结论为人生观的叙述与批评。全书编辑体裁,不逾越教科书的规范;除选择材料,联络贯串,为适宜的排列以外,不加入编辑者个人的见解(偶有一二,列于附注,不入正文)与议论,所编辑材料,必经理会明晰,详悉叙述;不敢稍涉含糊,以滋学者疑窦。至高级中学校课程中,原有生物学、心理学、论理学诸科目,学生已选修此等科目者,或与此书有重复之处,可以删节;但以此书作为复习,或非无益。

学校教师或学生,欲就此书所选材料,加以参考或印证,则可翻阅下列各书:

《哲学词典》	樊炳清编	商务印书馆发行
《新文化辞书》	唐敬杲编	同上
《生物学精义》	日本冈村周谛著	
	汤尔和译	同上
《西洋哲学史》	H. E. Cushnan 著	
	瞿世英译	同上
又	黄忏华编	同上
《近代思想》	日本新潮社著	
	过耀根译	同上

《心理学纲要》	日本十时弥编	
《伦理学要领》	日本中岛德茂编	
《心理学大集成》	日本三浦藤作编	
《伦理学大集成》	同上	
《社会学概论》	日本高田保马编	
	杜辉孙译(发刊中)	商务印书馆发行
《社会进化论》	日本小山东助编	
	杜辉孙译(发刊中)	商务印书馆发行
《人生哲学》	李石岑著	同上

民国十八年一月　编者记

绪言
人生哲学概论

一、哲学的概念

哲学(Philosophy)的名词,发源于希腊。其原文为 $\phi l\lambda os$(爱)与 $\sigma o\phi \grave{\iota} a$(知)结合而成,其文义为“爱好知识”。初用此名词时[①],对于工商、政治等实利的或实际的知识,而称纯粹穷理的知识为哲学。至苏格拉底(Socrates,前470~前399)的学徒所谓哲学,虽仍以纯粹穷理的知识为主,但已附加新意义。其狭义以推求事物本体的知识为哲学——本体亦称实体,对现象言。凡吾人感官所能感的,为事物的现象。其本体则非感官所能感觉,惟人得由其悟性或理性以认

①哲学的名词,初见于希罗多德(Herodotue,前490~前409)所著历史中。

识本体。事物的现象依本体而存在。心意现象,如知识、情意等,依心意本体(灵魂)而存在;物质现象,如声色香味等,依物质本体而存在。故现象不能离本体而自存。至本体能否离现象而自存,哲学家各异其说。研究本体的性质及本体间的关系者为“本体论”,即以万有为性质全异的心物二元所成者为“二元论”;以物为本体,心为物的显现者为“唯物论”;以心为本体,物为心的显现者为“唯心论”——二者皆为“一元论”。又以万有为多数独立自存的原子所成的为“多元论”;或以万有为一个元理或神所统一,而以本体为真理或神。狭义的哲学,即指此等本体论而言。——至其广义,则以哲学为一切知识的总和。希腊哲学初期①的概念,大概如是。末期的哲学,包含伦理宗教的要素颇多,乃以关于人生究极目的的知识为哲学;但推求事物本体的知识及考察一切事物的知识,仍为哲学中不可缺的要素。中世哲学②的概念虽不更变,但以神学为中心,哲学成为神学的附属品。基督教所信仰的,即为确定不可易的真理。哲学非用以研求真理,仅用以证明或解释既定的真理——就是教会的教理。近世哲学脱离宗教的缚束,发挥自由研究的精神。文艺复兴

①希腊哲学分初末两期,初期亦称希腊期,自波斯战争(前625年)起至亚里士多德死(前322年)止。末期亦称希腊的罗马期,自亚里士多德死后至旧罗马灭亡(176年)止。

②自旧罗马灭亡至君士坦丁陷落(476~1453)的一千年间为西洋哲学史的中代,而称希腊哲学为古代。自君士坦丁陷落后至现代的哲学,为近世哲学。

时代①以脱离宗教独立研究自然的为哲学。其后，哲学家对于哲学，渐有明确的定义。英人斯宾塞(Spencer，1820～1903)的哲学定义为“一切科学知识最高最终的统一”。德人温德(Wundt，1832～1920)的哲学定义为“以统一各科学所供给的知识构成无矛盾的体系为职志的科学”。今集合古今哲学家的见解，以明哲学的概念曰：“哲学者，研究万有全体的科学也。”

哲学的概念既如上述，吾人更就此概念加以剖析：(1)哲学是知识。知识为思考或经验的结果，属于知性的活动。这就是哲学与宗教文艺的大体上的区别。宗教基于信仰；文艺出于想象(构想)，属于情意的活动居多。或谓哲学亦含有情意的要素，与宗教文艺常互相混同。但哲学所表现的形式，概出于思考；至少在哲学者自身，不可不确信其自己所发表的哲学为思考的结果。若无此确信，而以自己的思想为自身信仰上的事项，或想象的结果，则其思想即不得为哲学，而为宗教或诗。(2)哲学为有系统的知识，即为“科学”。这就是哲学与“常识”的区别。婴儿见火而推断其热，农夫察风向而测知晴雨，此等知识，各各孤立，不构成系统，为日常非科学的知识。科学的定义，为种种知识以方法组合而成为系统的。哲学为有系统的知识，所以哲学亦为科学。或谓哲学起于人性的要求；故哲学的思想，为人人所同具。各人有各人的哲学，并不是专门学术，和常识似

①自1453年君士坦丁陷落后至1690年为文艺复兴时代。

无甚区别。但各人所具的哲学,亦自有其相当的知识和相当的系统。古代的哲学,在现今殆为非科学的知识居多,然仍无害其为哲学。即彼等的知识,亦自有其系统,即自成为科学。(3)哲学为研究万有全体的科学。其研究的对象,普泛于万有事物,而非限于一局部的;此为哲学与其他科学的区别。其他科学的对象,皆以万有中的一局部为限,如矿物学的对象为矿物,生物学的对象为生物,心理学的对象为精神或心意。此等科学,统称为"特殊的科学"。对特殊科学而言,则哲学为"普泛的科学"。或谓哲学和科学的区别,不但对象的范围不同,研究的性质亦异;即科学为因果或机械的说明,哲学为意义和价值的说明。但依此区别,则唯物论的哲学在哲学中将无立足地位,故不能据为定论。

西洋哲学未输入我国以前,我国固无哲学的名称。但哲学起于人性的要求;人有思想,即有哲学。则不能谓我国无哲学,自无疑义。我国向来所称为"道",就是指哲学的内容或成果而言。道中包含许多的"理"。朱熹①说:"道字包得大,理是道字里面许多理脉。"盖理就是散见于事物中的知识,道是集合众理组成系统的。《学记》说"大道不器",就是普泛的意义。《论语》说"吾道一以贯之",就是有系统的意义。西洋哲学大体上可分三部:(1)形上论;(2)认识论;(3)价值论。"形上论"以本体论为主,是论道之体的;"价值论"以

①字元晦,或称晦庵晦翁,宋婺源人。为理学大儒;谥文,世称朱子或朱文公。

判断事物的真善美为主,是明道之用的;“认识论”以说明认识事物本体的方法为主,是体道的方法。大抵我国贤哲的论道,概注重于实践。道的本义为“路”,为人所率由,就是含有实践的意义。所以我国所谓“道”,往往专指政治上伦理上的原理,和西洋实践哲学的意义更为相近。

二、哲学与人生

哲学的对象为万有全体,既如上述。但以时代的倾向不同,人性的要求各异,因而对象的中心常起变动,哲学史上遂有种种的派别。英人培根(Bacon,1561～1626)谓“哲学为理性或悟性的学问,而悟性的对象为神、自然及人性”。因神、自然、人性三者,都有普遍的性质,都可以做哲学的对象。哲学所研究的,当然不出乎这三者以外。就西洋哲学史上考察,则向来哲学家常以这三者之一为考察的中心;其时期显有区别。希腊初期的哲学,由自然论转为人事论。至末期的哲学,则由伦理而入宗教。中世的“教父哲学”①(Patristic Philosophy)、“烦琐哲学”(经院哲学②)(Scholastic Philosophy),已成为神学的奴隶。文艺复兴以后,自由研究的精神渐盛,由人类本位

①基督教徒组织教理时代的哲学,为教父哲学,在476～1000年间,为中世哲学初期。

②中世哲学,在教父哲学以后为烦琐哲学,其原意为经院哲学,其哲学实为神学。在十一世纪以前为准备时期,十一、十二两世纪为过渡时期,十三世纪为极盛时期,至近世哲学兴而衰颓。

的思潮,发生人本主义(Humanism)的哲学。其意以为“人者人也,非神明之仆,尤非教会之奴也。万物之中,惟人为重,亦惟现在的生活为最要。现世之生活,为现世而生活,若为有无不可知之未来生活而牺牲现在之生活,讵非大愚。与其否定现世以求解脱,何如改造现世之生活为愈。为罪恶及苦恼所充满之人生,将借吾人之努力而化为光明”。这人本主义,实为近世哲学的源泉,开现代哲学的曙光。近世哲学,既注重现世,爱知识,尊理想,重经验,对于自然的兴味自深。于是泛神论①(自然神论)者将神融合于自然中,以为“神非创造世界,神即在世界之中。一切即神,神即一切”。哲学的中心,遂由神学而移于自然②;且由思辨的自然哲学(即思辨哲学③),移于实验的自然哲学(即经验哲学④)。十八世纪以后,自然科学的发达,实受哲学上自然主义的影响。此时期的哲学,亦受自然科学

①泛神论以万有为唯一的原理或神所统一,然原理或神,实在万有以内,万有即为此原理或神的显现。反之,若置原理或神于万有以外,以万有为原理或神所创造,受原理或神的支配,则为超绝神论。古代哲学及中世哲学已有泛神论的倾向,近世如斯宾那莎及康德,皆为主张此论者。

②十六世纪以后为自然哲学时期。

③取径于思考以研究真理的,原为思辨哲学,亦称合理论,如康德、黑格尔的哲学,皆隶属这派,其狭义则专指黑格尔的哲学而言。

④经验哲学亦称实验论,其义创始于英人培根。在哲学上,与合理论对立,主张认识是由经验而生的,真理是由感官和知觉的直接经验,才可得到的。脱离经验而独立存在的认识,是绝对没有的。十九世纪,因自然科学勃兴,此思想甚盛。如孔德、弥尔、斯宾塞的哲学皆属这派。经验哲学和思辨哲学的过渡时期,约在黑格尔死后,即1831年。

的影响,倾向于机械的唯物论。视人类生活,不过为物质界的法则所动的一种机械。物质界的法则,既神圣不可侵犯;人类的精神,乃完全屈服于物质的势力下。表面上虽美丽丰富,里面实枯寂无味,甚或流于惨酷。人类虽以自然主义,脱神学的桎梏,但仍不免为自然主义的俘虏。科学虽征服自然,使自然为人类所有;而人类的精神转因此丧失。本来希望人类制驭自然,实际上为自然制驭人类。现代哲学遂应人性的要求,发生新倾向;久屈于自然主义下的人本主义,乃复露头角。由自由而更进于自由,由解放而更进于解放。换一句说,就是由人本主义而更进于人本主义。从前的哲学,求诸自然的法则;今后的哲学,返诸生命的本原。以生命为研究的中心,尤其以人类的生命为研究的中心,实为现代哲学上的特征。"哲学即人生,人生即哲学者"①,这两语可以表明现代哲学和人生的关系了。

我国古来哲学的研究对象,亦以自然与人生为主。《周易》常言天道与人道;天道是以自然为对象的,人道是以人生为对象的。又言天道地道人道;天是指自然的精神方面,地是指自然的物质方面。也有以神为对象的,《易》称"圣人以神道设教",即其明证。但我国所谓神,常与天或自然相混合。《中庸》所谓"体物而不可遗",其意实与泛神论相同。至我国所谓天,实际上常以人为代表;《尚书》言

①为德人克劳西(Krause,1781～1832)所说。

“天视自我民视，天听自我民听”，《孟子》言“天不言以行与事示之”——是天为人中的天，不是人以上的天。《中庸》言“道不远人，人之为道而远人，不可以为道”；《荀子》[①]则谓“道者，非天之道，非地之道，人之所以为道也”；二程子[②]言“天以生为道”[③]——可见吾国所谓道，以人为重，以生为本；与西洋现代哲学的根柢相同。惟吾国自古迄今，均偏重于形上的道，忽于形下的器，自然科学遂不如西洋近世的发达。哲学上没有科学的基础，当然不很精密。我们应该依据近代的科学知识，把固有的哲学思想整理一番才好。

三、人生哲学的意义

人生哲学原名为生命哲学(Philosophy of Life)，始于德人福尔开特(Volkelt，1848 ~)、近时德人倭铿(Eucken，1849 ~)，法人柏格森(Bergson，1859 ~)——均以人生哲学的建设者见称于世，为现代哲学上一大潮流。于旧时思辨哲学、经验哲学以外，另取一新倾向。思辨哲学以数学论理学为根据，经验哲学以实验物理学为根据，人生哲学则以生物学、心理学为根据。前二者注重外界，依外界的条件，调整吾人的生活，是消极的；后者注重人生，从人生的要求，以改

---

①书名，周荀况撰。荀况，战国时赵人，亦称荀卿或孙卿。

②程颢，字伯淳，宋洛阳人，时号明道先生。其弟颐字正叔，时号伊川先生。世称颢为大程子，称颐为小程子。

③见《二程遗书》第二卷。

造外界，是积极的。前二者使我服从自然，仅由探索自然的结果，得依据自然的法则，利用自然的势力，以改造吾人的物质生活；然物质生活的向上，转使精神生活屈服于物质势力之下。后者则以人类精神生活的发展为主。人生在世，决不仅以解决衣食住等物质生活，毕其生活能事；如道德、科学、艺术等，均为吾人精神生活的要求。此等精神生活，当不受物质生活的拘束，独立进行，自由表现。原来宇宙内的万有，都合物质精神而存在的。万有的现象，就是精神活动于物质上的状态。宇宙的精神不可即，其所显现的不过活动的状态；吾人由其活动的状态，认识其活动的原因；称为宇宙的意志。这意志就是充塞宇宙的精神，自原始以来，活动不绝，以成今日的世界；这种现象，称为创造的进化，略称"创化"。生物的生命，就是宇宙意志活动的一种形式；在"创化"的途中，向物质上为不绝的发展。因受物质的抵抗，自行分散为若干种类及无数个体，各自为生命而努力。这生物种族及个体间努力活动的原因，称为生的冲动，就是生命的意志。努力的结果，随其种族及个体，各各不同。就大体言，则植物的意志，全在物质的支配下努力，仅仅维持其物质的生活，精神生活全不显现；动物的意志，渐渐发展，稍能征服物质以呈露其精神生活，但亦仅足为物质生活的补助；惟人类的意志，得冲破障碍，自由突进，显现其精神生活，以继续其生命的活动于无穷。但人类的生命，决不能孤立于其他生命以外，一切生物，皆互相结合，同循此伟大的冲动而进行，动物立于植物之上，人类又立于其他动物之上,为共同进行的一大军队。人类立于战斗的最前线,以其精神作用为武器,打破物质的抵抗;向生的方向,努力奋斗,以开展其新生命。人生哲学,即把促吾人生命的真相,而与以说明的;所以人生哲学,原称生命哲学,就是这个意义。

依上所述,则人生哲学,乃以人类的生命为研究的中心,为现代新兴的哲学,不过哲学中的一流派。其哲学范围,仍为普泛的而非特殊的。但我国现时,研究人生哲学的,其意义似较为狭小,常以人生哲学为研究人生观的学问,为哲学的一部分①。人生不过百年,自呱呱坠地以至于老死,就一生涯间为通体的观察,而问人生有何意义或价值?对于这问题而与以解答的,称为"人生观"。各人的人生观,由各人的性质和生活的状况,与一生的经验、教育等,综合而成,各各不同。向来论人生观的,就大体上别为三类:(1)以人生为悲苦或虚幻的;这种人生观皆以现实的世界为不满足,统称为"厌世观"。(2)以现实的世界为调和圆满的,人类得依宇宙的本则以达于幸福和快乐;这种人生观,与厌世观相反,统称为"乐天观"。(3)则介于二者中间,既不如乐天论者以现实世界为美善的世界,亦承认现实世界的悲苦;但不如厌世论者以人生为绝望的。吾人当由各自的努力,轻减痛苦,抑制罪恶,以创造美善的世界。这种人生观,称为"改善观",由现代人生哲学出发的人生观,就是改善观;原不过人生观

①参看李石岑先生著《人生哲学》绪论。

中的一种。若认人生哲学为研究人生问题的学问，则其范围当然不以现代人生哲学的人生观为限；凡哲学上种种的人生观，均应包含在内。惟研究的结果，大都以改善观为归宿；所以研究人生问题的人生哲学，与以人生为中心的人生哲学，殆有不可区分的关系。

我国现时研究人生哲学的，既以人生哲学为研究人生问题的学问；而所谓“人生问题”的意义，见解亦复不同。或一派的见解，以为人生问题就是“吾人应该如何生活”的问题，也就是“人生在世应该如何行为”的问题；人生哲学就是解决这个问题的。但这个问题是伦理学上的问题，因此，他把伦理学看做人生哲学①。伦理学本来是哲学的实践部分，与哲学的范围广狭不同。人生哲学为哲学上一流派，不是哲学中的一部分；认伦理学为人生哲学，这见解殆不甚妥。但从前的哲学，注重原理；言其“然”与“所以然”，含“说明科学”的性质为多。现代的人生哲学，大抵于原理以外，更注重实现；往往言其“当然”与“所以当然”，含有“规范科学”的性质，常包含伦理学的要素。所以说“人生哲学就是伦理学”，虽不免忽视学问上的界说；若说“人生哲学和伦理学，大部分没有差别”，则殊为正确的见解。向来研究伦理学者，常先构成哲学说，由哲学说演绎的结果，构成伦理学，称为“哲学的伦理学”；或由各科学归纳的结果，构成伦理学，称为“科学的伦理学”。从前的哲学，倾于思辨的独断；所以伦理学

①参看胡适之先生著《中国哲学史大纲》首段及李石岑先生著《人生哲学》绪论。

多倾向于科学的。现代的人生哲学,既根据于科学,因而哲学的伦理学和科学的伦理学结论相同。就学问上的界说言,人生哲学是伦理学的基因,伦理学是人生哲学的成果。但因果相关,论因的不能不兼及果,论果的亦不能不兼及因;人生哲学和伦理学大部分没有差别,即此可以明了。

第一章
人类的机体生活

一、机体的构成

人类为一种生物;其生活的一部分,和其他生物相同。所以研究人类的生活,不能不以生物的生活为起点;而动物的生活,尤为切要。人类的身体,和高等动物相类似处很多;即和其他生物,亦有通共类似之点。即一切生物体均为“细胞”(cell)所成①:微小的生物,以一个细胞构成生物的个体,称为“单细胞生物”;若以多数细胞构成个体的,称为“复细胞生物”。人类的个体,长成的约为 4×10^{14} 个细胞所构成;初生儿约为 265×10^{11} 个细胞所构成。

细胞虽多为球形,但也有种种形状。大的为肉眼所能辨;小的

---

①细胞为 1665 年英人呵克(Hooke)所发现,经生物学继续研究,至十九世纪中,始知动植物体各部分,悉为细胞所成。

须用显微镜窥视,若用高度显微镜窥视细胞(见图1),则其体为半流动状的胶质所成,称为“原形质”。单细胞生物及植物的细胞,表面常分泌纤维质或石灰质、甲壳质等,成“细胞膜”或“介壳”。至细胞内部原形质内,常混有许多细微颗粒,称为“粒线体”;又常有空胞内含透明的液体,称为“细胞液”,间有若干“色素体”、“淀粉粒”(植物

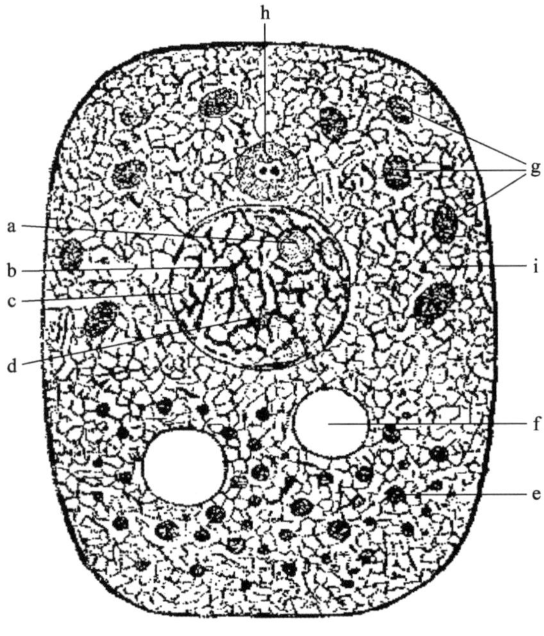

图1 细胞模式

a~d. 细胞核 a. 小核 b. 染色粒 c. 核网 d. 染色小核

e. 食粒 f. 空胞 i. 粒线体 g. 色素体、淀粉粒等 h. 中央球

细胞)、“脂肪球”、“食粒”、“收缩胞”(单细胞动物内的空胞能增大收缩的)等。原形质的中心有“核”,亦为原形质所成,有“核膜”、“核液”和网状的核丝,称为“核网”;并有一粒至三粒的“小核”。核丝内有容易染色的“染色粒”散布。小核中有容易染色的,称“染色小核”。动物和低级植物的细胞内,另有一个或二个的染色粒,称为“中心体”。中心体周围的原形质,较他处为密致,现放射状的球体,称为“中央球”。中央球在核旁,核和球接触处,略作凹陷;有时仅见核的凹陷,中央球却不能明认。

细胞能从体外摄取固体(限于单细胞动物)或液体于体内,吸收养料,排出废料于体外,使细胞渐渐生长。至达相当程度后,一个细胞即分裂为两个。分裂时其核先略为延长,渐次缢断为二;细胞亦依此分裂。这种简单的分裂法,称为“直接分裂”;多见于单细胞生物。若复细胞生物,惟于将近老废的细胞中,有这种现象。较为繁复的分裂方法,称为“间接分裂”(见图2)。核内散布的染色粒,先行集合成迂曲的纽状物,更裂为数段;这断裂的纽状物,称为“染色体”。就多数动植物研究的结果,同种的生物,其细胞内染色体常有一定。人类的染色体,常为四十八个①;其余生物,由二个至二百数

①人类的染色体,考查者不止一人,古耶尔(Guyer)在1910~1914年间考察黑人细胞内染色体,女为24个,男为22个。1912年微尼怀台(Winiwarter)考察白人细胞内染色体,女18个,男47个。1917年由维曼(Wiemann)研究的结果,白人、黑人的染色体,不论男女,均为24个。最近(1921~1923年),沛泰尔(Painter)于白人及黑人的睾丸中,查得染色体为48个。其他各家研究的结果亦同。

十个不等。纽状物断裂为染色体后,中央球亦分裂为二,渐次互相隔离,居核的两极。此时核膜消失,染色体与两极的中央球间,以不染色的丝状体相联结,成纺锤状。各个染色体,各分裂为均等的两部分,排列于两极的赤道上,各以半数向中央球接近;遂集合于中央球近旁,各成一核。丝状体消失,核内的染色体亦崩坏,染色粒回复未分裂以前母核的形状。核既分裂,细胞亦延长缢断,分裂为二,各占一核,与母细胞同。

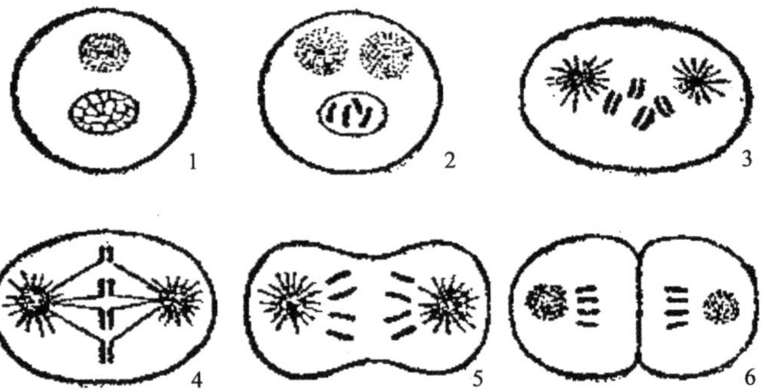

1~6分裂顺序

图2　细胞的间接分裂

细胞从细胞生,核从核生。约言之,生物从生物生。这为生物学上绝无例外的定理。但是第一个生物,究从何来?关于生命起源的问题,科学上尚不能为正确的解答。近来科学家从各方面测验,以为原形质所具生活现象,不过为原形质分子内原子特别排列的状态中所起的化学作用①。与无机物的化学作用,同一根源。至细胞内的粒线质、核、中央球等,不过原形质分子间的"分化"罢了。单细胞生物的细胞,分化更甚,细胞的外部,常较内部富于运动力;且常有鞭毛、纤毛或眼点、口、肛门等器官,称为"细胞器官"。又单细胞生物,常有多数集合为群体的,但仍各营独立生活。其集合的个体,亦有性质稍异,略行分化的,如团走子(见图3),为二万余的单细胞个体集合而成。前半体各细胞,眼点较多,司运动;后半体的各细胞,多司摄食,且专营生殖,可认为个体分化的嚆矢。至复细胞生物体内各细胞的分化,尤为显著。同种的细胞,集合成为"组织"。如由扁平柔软外被膜质或毛茸的"扁平细胞",集合为"皮膜组织";由细长强韧的纤维细胞,集合为纤维组织或筋肉组织;由细胞所分泌的胶质、纤维质、石灰质等"细胞间质",和细胞集合而成"结缔组织";由柔软的"神经细胞"、周围有许多神经纤维的,集合而成"神经组织";这种种动物组织,以一种或数种"结合",成动物机官的"构造"。例如消化管的管壁,表面为皮膜组织,内部为纤维组织及结缔组织所构成;血管亦然。其余如眼球、鼻、舌等种种机官,概为皮膜组织、纤维组织、结缔组织配合而成;神经、血管分布其间,亦为构造

①近时法人擘克推脱(Raonl Pictet)由多数实验的结果所得结论,为"生活非一种特别的作用,不过为在原子特别排列的状态中所起的化学作用"。又德人冯德(Wundt)谓"原形实存在海底取出时,尚能蠢动",故冯氏以为"原形质为化学物质中最高等的,其唯一的性质为生活"。

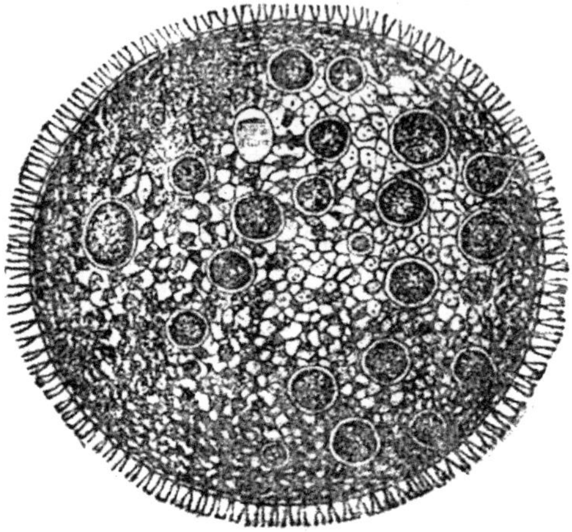

图3　团走子

的一部分。至植物机官为植物组织所构造，大致亦同。此等“机官”，又各因其作用不同，分为系统。人体中如口腔、咽喉、食道、胃肠，又肝脏、胆囊、胰脏等，司消化食物的，称为“消化系统”；心脏、动脉、静脉、微血管等司流行血液的，称“循环系统”；鼻腔、喉头、气管、肺脏等，司吸入空气、呼出炭气的，统称“呼吸系统”，皮肤内有汗腺，及肾脏、输尿管、膀胱、尿道等，司分泌汗液、尿液的，统称“排泄系统”；这种专司营养的各系统，总称“营养系统”。又如耳、目、鼻、舌、皮肤等，司感觉的机官，称为“五官器”；种种筋肉，专司运动的，称为“筋肉系统”；种种骨骼，司掩护内脏、支持运动的，称“骨骼系统”；大脑、小脑、延髓、脊髓等，司知觉运动的神经中枢，称为“中枢神经系统”;分布于五官器及消化管气管等内壁的末梢神经,领受外来刺激,以传达于中枢的,称“知觉神经”;分布于筋肉内的末梢神经,传达中枢命令,以起运动的,称“运动神经”;知觉神经和运动神经,合称“末梢神经系统”;中枢末梢两系统,总称为“神经系统”。至女性的卵巢、输卵管、子宫,及男性的睾丸、输精管、精囊等,称为“生殖系统”;其详细的构造,详人体解剖学中,不复赘述。哺乳动物的机官,大致和人类相同。其他动物,种类愈低,机官亦愈简单。至植物也有种种机官,如根、茎、叶、花、果实等,由植物的组织构成。此等具有机官的生物体,称为有机体。其机体的各部分,若分离独立,即不生活。其全体内各细胞,必互相联合,构成机官,各营特殊的作用,以维持全体的生活。这个称为“细胞的合作”。

二、个体的生活机能

生物体内的各机官,各具有机能,营种种作用,以维持其个体的生命。最重要的为“营养作用”,即摄取体外的物质于体内,吸收其一部分,变为体质;又将体质的一部,变为老废物,排出体外——这种营养作用,使体质起新陈代谢,所以又称“代谢作用”。若更为详细的说明,则吸收体外的物质变为体质;这个作用,在植物体内,称为“同化作用”。植物赖同化作用,将简单的无机物,即化学能较少的化合物,变为繁复的有机物,即化学能较多的化合物。绿色植物在日光中,摄取光热,变为化学能,将自叶面吸收的炭气,分离养气;

所余碳素，和水分化合，变为含水碳质（淀粉、葡萄糖等）及脂肪，称为“碳素同化作用”。又将自根吸收的含有硇精或硝酸的氮素化合物，形成种种硇基酸，再和自根吸收的磷酸化合物或硫酸化合物作用，形成蛋白质，称为“蛋白同化作用”。动物和其他非绿色植物，不能营同化作用，仅直接或间接摄取绿色植物体内的含水碳质、脂肪、蛋白质等，借自己体内分泌的酵素，变化其性质，由消化机官吸入体内，变为体质，称为“消化作用”。这消化作用，不能增加物质的化学能，所以和同化作用不同。至把体质的一部分，变为老废物，排出体外，这个称为“异化作用”。植物的异化作用很微。虽然也须吸收养气，和体内的含水碳质化合，变为炭气，排出体外。但较之同化作用，为量极少；惟在暗处或夜间同化作用停止时，方能显出。反之，动物的异化作用很为旺盛；时时吸入养气，使体内化学能较多的含水碳质、脂肪、蛋白质等氧化，成为化学能较少的炭气和尿质，排出体外。就生物界的营养作用统合观察，则植物是营同化作用的，动物是营异化作用的。植物是积贮化学能的，动物是消耗化学能的。没有植物的积贮，动物就没得消耗；但没有动物的消耗，空气中炭气缺乏，植物也就不能营同化作用了。可见动植物是相依为命的。

上述的营养作用，为生物所同具。至消耗营养物，以营知觉运动的机能，则为神经系统所司，称为“神经作用”；惟具有神经系统的动物，这作用始能显著。高等动物，具有五官器的，对于外界的刺激，起视、听、嗅、味、触的特种感觉。触觉为接触固体时所起的感觉

（液体、气体因温度的温觉和压力的压觉而起的感觉，亦为触觉），没有专司触觉的感官，但皮肤柔软或裸出的部分，较为锐敏；皮肤上角皮质坚厚或具有甲壳质的，触觉自然消失；仅于口旁肢端具此作用。嗅味二觉，一因受气体的刺激而起，一因受液体的刺激而起，皆须接触实物。和触觉相同，嗅觉为陆上动物所特具，在水中的概无嗅觉；鱼类的鼻，形态虽和嗅官相当，实无嗅觉作用。陆上动物，以昆虫类和哺乳类为最发达。昆虫类的嗅官，为在触肢或触须上的嗅毛；哺乳动物则为鼻腔内的黏膜。味觉以脊椎动物为最发达，其感官为舌面黏膜；在陆上的有唾液以助物体的溶解，较在水中的为精密。节肢动物的味官在口器上，构造和嗅毛相似。其他动物嗅味两官殆难区别，且与触官亦同；不过皮肤的一部陷入，内有分布的神经，和呼吸机官相近的即认为嗅官，和消化管前端相近的即认为味官。听觉在感音波的振动。陆上动物，概具鼓膜以感受空气中的音波；有中耳的，鼓膜即在中耳表面。昆虫类的鼓膜，或在第一腹环节的两侧，如蝗；或在第一肢的基部，如蟋蟀。水中动物的听官，概为一囊状体，埋没于表皮下。鱼类及水中的两栖类，其囊状体略与内耳相当；瓣鳃类的囊状体在足部；水母类的囊状体在钟状部缘边。囊内常有耳液，和皮肤分泌的石灰质所成的小圆粒，称为听石。当水中声浪振动时，身体微微动摇；囊内的耳液和听舌，即微微振动而成听觉。所以水中动物所谓听觉，不过能感自己身体的位置，常以听官兼司平均身体的作用。若听官破坏，身体的前后左右即不能保持平衡。

视觉的作用为感光线、辨色彩和识别物体。光线的强弱，虽没有视官的也能起感觉；蚯蚓无目，但昼伏夜出，其能感明暗可知。若辨别色彩，则必须具有视官。简单的眼，仅于表皮上起红色或黑色斑点，神经分布于皮下，即成网膜，具辨色彩的作用。至识别物体，则网膜上必须有水晶体、玻璃体等，屈折光线，使物体的写像落于网膜上，且须能随物体的远近，调节其水晶体的凹凸；随光线的强弱，调节其瞳孔的大小；使写像清晰。这种调节作用，惟脊椎动物最为发达。鸟兽在夜中能识别物体的颇多，其视觉的锐敏可知；但如鱼类的水晶体，虽也具调节作用；然凸成球形，因而近视，常不逾十分尺内外。头足类的目，略与鱼类相同。其他动物，具有水晶体、玻璃体，虽具写像作用，概无调节作用；大都宜于近视，不能远见。节肢动物的单眼，仅具写像作用；所见不过七尺，近的不过二三厘。复眼则并无写像作用，不过以多数眼点，凑成物像，殊不明了。其他下等构造的眼，概无识别物体的机能。下等动物五官器既不发达，对于外界的刺激，其性质概不明了，仅于机体的全部或一部上，起苦快的感觉，称为一般感觉。以上均为对于外界刺激的感觉，总称为“外感觉”。至身体内部生理上所起感觉，称为“内感觉”。其主要的有二：一为机体运动的感觉，称“运动感觉”；一为生活机能的感觉，如饥感、渴感、闷感、疲劳、眩晕等感，统称为“有机感觉”。这种有机感觉，概因生理上的刺激而起，其性质不明晰，类乎一般感觉的居多。

由上述种种的知觉机官，感受外来的刺激，由知觉神经传达于神经中枢;中枢即起运动的意志,由运动神经传达于运动机官,如手、足、头、目及其他各部的筋肉内,使伸张或收缩,起相当的运动,以应付外来的刺激。例如家犬闻吾人怒叱的声音,见举棒欲击的形状,即起逃避的运动;鸡雏闻母鸡唤食的声音,或见食物的形状,闻食物的臭气,即起奔走就食的运动。总之,运动是对于刺激的感应。刺激和运动的中间,若经过大脑的,则成为有意识的运动,亦称"随意运动"。吾人平时一切运动,皆属随意运动。但有时不经过大脑,仅由脊髓或其他中枢器官为刺激和运动间的联络;这时所起的运动全不自觉,称为"无意识运动"。吾人于睡眠中被蚊蚤螫啮,辄举手搔爬;在强烈的光线下,瞳孔自然收缩;又灰砂触目则瞬;纤毛刺鼻则嚏;这种无意识运动,都因受外来的刺激而起,称为"反射运动"。但睡眠中的搔爬和瞳孔的张缩,是完全无意识的。其他反射运动,大都于运动经过时,其运动才现于意识。如瞬目、喷嚏等,则在某程以内,也可以由意识主持。又心脏的搏动,消化管的蠕动,肺脏的呼吸运动等,亦为无意识运动;但非因外来的刺激而起,称为"自主运动"。高等动物营自主运动的筋肉,除心脏外,概为无横纹的,称为"平滑筋",和营随意运动的"横纹筋"不同。但下等动物没有横纹筋,就没有这个分别。通常的自主运动,起于自身生理上的刺激,其性质亦和反射运动相类。且如呼吸运动,平时为无意识的;而在某程度以内,也可受意识支配。所以意识运动和无意识运动间,殆无严峻的区别。至没有神经的下等动物和植物,虽没有有意识的运动，但如单细胞生物的纤毛运动，伪足运动，精子游走子的走动，以及植物根茎叶各部的弯曲运动（茎的向日性运动、背地性运动，根的背日性运动、向地性运动、向水性运动，叶的横日性运动、横地性运动等），叶的就眠运动，花的开闭运动，腺毛的捕虫运动，皆和动物的反射运动或自主运动相同。不过有神经的动物，这作用由神经出发，较为明了；没有神经的，这作用散漫于全体，蒙眬而不明了；二者仅为程度上的差异，并无根本上的区别。所以知觉运动，就普通动物言，称为"神经作用"；就生物界言，称为"关系作用"。植物只营低级的关系作用，消耗的化学能很少，所以成为积贮性的。动物因为营高等的关系作用，需要的化学能较多，所以成为消耗性的。从又一方面言，植物在地中或水中、空气中摄取无机物，得食较易，和外界的关系较少。动物以植物或其他动物为食料，非寻求追逐，不易获得，所以对外界的关系作用较为重要。总之，关系作用的发达与否，实与其营养作用相关。

上述的关系作用，为生物体受种种刺激而起。此外尚有因感受刺激而起的形态和性质，借以适应外界、维持生活的，为"适应形质"。如水在生物上很为重要。生物学家概承认生物始现于水内，后乃移居陆上。既居陆上以后，体内水分时时蒸发；若水分缺乏，殊于生活有害。温带地方，冬季空气干燥，植物的叶片多枯萎脱落；常绿的植物，或叶面狭小，或表面生蜡膜、毛茸等，以防止蒸发，生在砂土上或高岩上的植物，根常深入土中；根茎叶上常有多肉多浆的部分,以贮藏水分;叶面亦狭小,生蜡膜毛茸等;称为干生植物。生于含盐分水土中的植物,若蒸发过甚,则体内积聚盐分过多,于生活有害;其形质常和干生植物相同。陆栖动物,表面常被角皮质或甲壳质;除防御损伤外,对于干燥的保护,也大有效益。沙漠中的骆驼,不易得水,胃内特有贮水的囊,故能耐渴。虾蟹等鳃内,亦常贮水,故离水后尚能经长时间的生活。川池中的动物和多数下等生物,于水涸时表面被厚皮以耐干燥,得水即复生活。又重力对于生物,亦有巨大影响。水中生物,受重力较少。植物的枝茎均纤细柔软;动物的肢上筋肉概不发达,惟移动时受水的阻力较大,常赖躯体和尾部的波动进行,所以躯体上筋肉较丰,尾部亦较发达。陆上植物,根干强固;藤蔓等概有卷须吸盘,以固着其体。动物的足部,概具筋肉;步行的,足部筋肉尤强;飞行的,概有强大筋肉以运动翅翼;各机官必尽力节约,以减少体重。至日光为生活的本源,在植物尤为需要。水中光线较弱,水生植物概多枝多叶,为吸收日光的准备;或叶片出水,或叶面浮水,概为圆形或椭圆形,少缺刻,和陆生植物不同。水中的动物,视官的水晶体很凸,亦为收集光线的缘故。深海中光线不能透过,所产的鱼类,往往盲目。空气中日光较强,植物概多含叶绿质,盛营同化作用。动物除潜伏地中的数种外,概有视官。惟光线过强,易于干燥,所以柔弱的植物,喜生阴地,在适度的日光下方能发育。动物亦有喜居阴湿地方,昼伏夜出的。又不论水中或陆地,温度变化,很影响于生活。植物成长的温度,最高为40°~50°,

最低为0°,最适为25°～37°;动物成长的温度,最高为45°,最低和最适,随种类不同。大都一切生物,于高温概没有防御的装置;因为现代气候,渐次倾向低温,生物受高温的迫害较少。惟对于低温,概有保温的装置;如植物的鳞片、毛茸,动物的羽毛皆是。一年生草本及昆虫等,往往至冬期死灭。凉血动物于温度过高或过低时,其活动力衰减;在温带、寒带中有冬眠的习性,热带亚热带的动物有夏眠的习性(肺鱼、蜘蛛、蜗牛等)。惟温血动物,有调节体温的作用,不论寒带热带,均能移住(蝙蝠、北极熊等也有冬眠习性);且移徙迅速,能随寒暑迁移住所(海狗及燕雁等),或营巢穴以庇风雨霜雪,不受气候的制限。至温度急激改变,概于生活有害;茶桑及农作物的霜害,即由于此。黑鱼在15°及20°的水中各五分时即死。所以气候剧变,常为吾人致病源因。至动物的机官,往往因食物改变。肉食性的动物,因捕食较难,其关系机官常较草食性动物为发达。而草食性动物,因消化不易,其消化机官常较肉食性动物为发达。此等动物,于食物改变时,其机官亦显适应的形质。如鹅、鸭等,在野生时,捕食水中动物,概能高飞;饲养的杂食谷物,砂囊坚厚,体内充积脂肪,遂失其飞翔能力。食谷的鸠,饲以肉类,砂囊渐薄,飞力的矫健,与食肉鸟无异。总之一切生物,于其生活的环境,均有适应的形质。而此等形质,实因受着环境的刺激,逐渐改变而来;亦可认为对于刺激的感应。惟其显现更为迟缓,刺激和感应间的关系,更不易明了了。

生物虽有种种机能,以维持个体的生活;但个体的生活,概有一定的时期,而其结果,终不能免于老死。生物的生活时期,大别为四:第一期为"胚期",即卵子盛行分裂,构成胚体,至卵壳破裂,胚体脱出卵外为止。胎生的至胎儿和母体分离时为止。在这时期内,不营同化作用或消化作用;所需的营养物,均由母体预放在卵内,由胚体吸收。动物的胎儿和植物种子,均直接自母体吸收营养物质。至异化作用,在这时很为微弱;胎生的,营养作用全和母体相连。第二期为"幼年期",即胚期后的发育,至成长为止。这时期的营养作用最为旺盛,吸收的物质多于排泄的物质。重量日增,形态亦多变异。有显呈变态的,如两栖类、昆虫类、甲壳类,其变态均为吾人所习见。这变态的原因,由于母体产卵较多,卵体较小;卵内所蓄的营养物质,不能使其胚体充分发育;所以发达至相当程度,即使自营生活,而在幼年期中,继续完成其工作。但高级动物中,没有变态的颇多。高等的植物,大都没有变态:这种生物,幼年期的形态和成体也微有不同。如公孙树的幼植物,叶上的开裂较深;罗汉松幼时,叶为针状;雏鸟的形态,常与亲鸟不同;吾人产出时,口内无齿,手掌向外,足趾异向,头较大,足较短,其他解剖上形态和成人不同的很多。第三期为"壮年期"。此时形体完成,增长绝少,在动物殆不复增长。吸收的营养物,除自体所消耗外,大部分用于生殖。第四期为"衰老期"。生殖机能渐衰,营养作用渐弱,形体枯槁,动作殊不活泼。本期的最后,则生活停止而为"死"。吾人的胚期为 280 日,生出后至

25 岁为幼年期,至 55 岁为壮年期,55 岁以后为衰老期。

死有“自然死”和“偶然死”的区别。自然死由衰老进行;偶然死乃生活中因遇疾病或灾害而死的。衰老因何而起,何以致死,现时不能为确实的说明。或谓由于原形质内石灰质的沉淀,如人类的血管变硬,弹性力减少,实为衰老的原因;或谓体内的新陈代谢,终不能将老废物充分排除,逐渐积聚,久则成为毒物,渐渐中毒;或谓卵内含有其种族的固有物质,不绝分解,分解过甚,乃起衰老,分解尽则死:各说皆未有充分的证据。死的状态,为构成个体的各细胞内原形质活动的停止,代谢歇绝。若仅破坏其个体内一部分细胞,他部分尚能维持其营养作用时,则仍得生存。且其被破坏的部分,生长特盛,能复原形,称为“再生”。单细胞生物,若割为二部分,其有核的一部分,仍能增长;复细胞生物的再生力,植物最强,可割截其根茎的一部分,另成新植物;有宿根或地下茎的植物,地上部经冬枯死,地下部复于翌春发芽;间有折取一叶,插入土中,亦能发生新芽。动物的再生力,下等的较强,高等的次之。海绵可切分其体以播殖;星鱼切取一腕,亦能发生全体;沙蚕截分数节,各节均能生活;昆虫及虾蟹等失去一足,亦能再生。至脊椎动物,再生力较弱。轻微的创伤,尚能愈合;若失去一指一趾,即不能复原。大抵关系作用不甚发达的,容易受外界的危害,所以他的再生力特盛,以补充其缺点;而再生力较弱的,则神经作用必特别发达,以保全其躯体。至吾人通常所谓死,以脉搏和呼吸停止、全身冷却、肢体强直为死的特征;但此时尚属"假死",体内各细胞尚能暂时生活。印度婆罗门教徒,能停止呼吸和脉搏至六星期之久,仍复苏生;故仅仅生活现象的停止,不能称为"真死"。生物的种子或胞子,在生活不适当的条件下,几不现生命的征象;一旦置于适当的条件下,忽呈生活状态。所以生物的死,必其全体生机尽绝,无复苏生能力,然后可称为"真死"云。

三、种族生活的继续

生物经过幼年期以后,身体成熟,增长绝少;此时所吸收的营养物质,大部用于"生殖",即将自体的一部分,使其分离独立,另成一新个体。生物体依这种生殖机能,使其种族繁衍不绝。盖一切生物的个体,均不能免于死亡;若不发生新个体以继续生存,则其种族必不久绝灭。所以一切生物,无不有维持其种族生存的"生殖机能",在生物学上绝无例外。且生物常因维持其种族的生存,牺牲其个体的生存;则种族的生存,较个体的生存尤为重要可知。

生物的生殖方法,大别为二种:(1)为营养生殖;(2)为芽胞生殖。"营养生殖",就是把营养体的一部分,和他部分分离,各成个体。若分离的两部分大小相同时,称为"分裂生殖"。若一大一小,则小的部分,可认为芽体;称为"出芽生殖"。单细胞生物的细胞分裂,即属分裂生殖;有时从大细胞分出小细胞,即为出芽生殖。普通植物中，以匐枝或不定根营分裂生殖，及以珠芽等营出芽生殖的，殊为习见。园艺上行插技、压条、分根、接木等方法，以人工割截植物体的一部分，使另成新株，虽亦属营养生殖，实际上和前述的再生殆无区别。普通动物营营养生殖的较少，但如海葵的分裂生殖，水螅及沙蚕的出芽生殖，亦不乏实例。至“芽胞生殖”，则于生物体的细胞内，原形质分裂，成一个至若干个专营生殖的细胞，称为“芽胞”。芽胞形成后，发生芽胞的母细胞（芽胞囊）破裂，芽胞散出；再由芽胞发生新个体。这种芽胞生殖，更别为有性生殖和无性生殖二种：“无性生殖”的芽胞，称为“胞子”。所以无性的芽胞生殖，亦称为“胞子生殖”。生殖胞子常具厚膜，能抵抗寒暑燥湿等不良的环境，也有初时不具厚膜，生一条至数条的纤毛，能在水中运动的，称为动胞子或游走子；其后脱去纤毛，再生厚膜，与他胞子同。胞子于环境适宜时，概能发生新个体。至“有性生殖”的芽胞，殆不能独立发生新个体，必须与同种族内另一个有性胞子接合，成为芽胞，再发生个体。这接合的两个有性芽胞，若大小相同时，称为“同形配偶子”或单称“配偶子”；接合而成的芽胞，称为“接合子”。若一大一小，则称为“异形配偶子”，大形的常不能运动，贮蓄养料，为发生新个体的预备，这个称为“卵球”。小形的不贮养料，体轻捷，具纤毛，能在液体内运动，称为“精虫”。精虫和卵球接合，称为“授精”（见图4）。授精时，精虫常向卵球前进。精虫为能动的，卵球为受动的。所以精虫和卵球，一为消耗性而一为贮蓄性，一为能动性而一为受动性。

前者总称为“雄性”，后者总称为“雌性”。“两性生殖”，即由雌雄两性的芽胞授精而成。受精的卵球，称为卵子或“卵芽胞”。卵子发育，盛行细胞分裂，增殖许多“营养细胞”，成为生物的个体。个体成长，其体内的“生殖细胞”复盛行分裂，造成精虫和卵球，接合为卵子，以绵延种族。这两性芽胞，若不遇受精机会，则不久即死；但未受精的卵球，也有能发生个体的，称为“单性生殖”或“单为生殖”，除下等的生物如菌类及胞子虫等，能专营无性生殖以维持种族生存外，稍高等的生物，概须营两性生殖。大多数植物，常兼营胞子生殖和两性生殖。其营胞子生殖的世代，称为“无性世代”；营两性生殖的世代，称为“有性世代”。这两世代的个体形态不同。无性世代的个体称为“造胞体”，有性世代的个体称为“配偶体”。配偶体的细胞内，染色体仅有造胞体

图4　授精

的半数。由造胞体形成胞子时,其细胞的分裂方法略异,使染色体减为半数,称为“减数分裂”。由胞子发生配偶体,形成卵球和精虫,此世代内的细胞,染色体仅有半数,所以有性世代亦称“单染色体世代”。授精后,两细胞的染色体并合,始复原数,成为卵子;再由卵子发生造胞体。所以无性世代,也称“双染色体世代”。如此两世代循环不绝,称为“世代交递”。苔藓类的有性世代较为发达。通常所谓苔藓,即指他的配偶体而言。在配偶体上发生雌器或雄器,造成精卵二种细胞,精细胞游泳水中,达于雌器,使卵细胞受精,发生造胞体,为无性世代。但造胞体却很微小,仅附着于配偶体上,不营独立生活。反之,羊齿类的无性世代较为发达,造胞体有巨大的木本;但有性世代却很萎缩,配偶体仅扁平如叶状,称为叶状体。高等的羊齿类,其造胞体形成的胞子,有大小二种,称为“异子羊齿”。由大胞子发生的叶状体,形成卵细胞;由小胞子发生的叶状体,形成精细胞。其仅有一种胞子的,称为“同子羊齿”。至显花植物,无性世代益益发达。造胞体的体制,居植物界中最高等的地位;其形成的胞子,概有大小二种,大胞子称为“胚囊”,小胞子称为“花粉”。由胞子发生的有性世代,极为萎缩;仅于授粉后略略分裂,形成卵细胞和精细胞,以达授精目的。兹将植物界的世代交递,另行表示(见表1)。动物虽间有世代交递的现象,但如水母类以出芽生殖和两性生殖为世代交递,蚜虫等以单为生殖和两性生殖为世代交递,和植物的世代交递不同。动物中除单细胞动物以外,营胞子生殖的绝少。大多数动物专营两性生殖以维持种族，没有世代交递的现象了。

表1　植物的世代交递

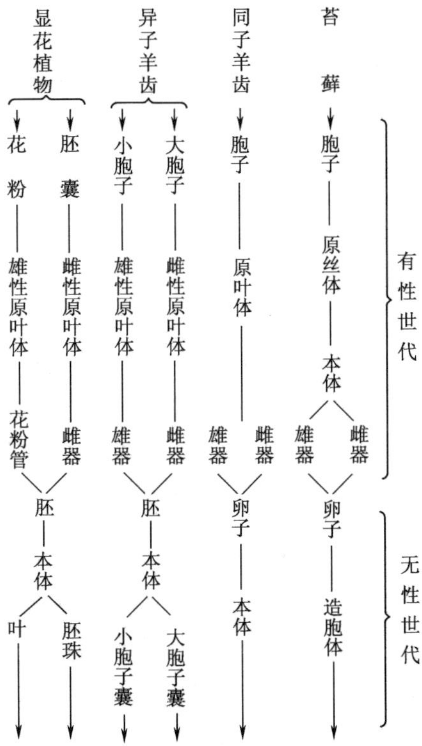

生物的生殖方法，不外营养生殖和芽胞生殖两种。营养生殖不过个体分离为两部分后，继续生活，实与个体的继续生活无异。芽胞生殖中的无性生殖和单性生殖，其发生的新个体，仍然由旧个体因袭而来，形质上并无变异。惟两性生殖所发生的新个体，乃由两个体的形质合并而成:和两个体的形质,既非全然同一,其间自有多少的变异。大多数生物所以必须专营或兼营两性生殖,其理由在现时科学上虽未能为充分的说明,但使生物的形质有多少变异,不至于固定,当然于种族的生存上有重要的关系。这种两性生殖,亦因环境的不同,为奇妙的适应。最下等的生物,大部分生活于水中;精虫和卵球均放入水内,在水中授精,成为卵子,随水流散布其种族。较高等的生物,多为陆上生活,精虫不能在空气中运动,以达于卵球;两性生殖,殊感困难。植物中如苔藓类生于湿地;精虫仍在水中运动,使卵球授精。但卵子不能随水流散布,不能不兼营胞子生殖,使胞子得在空气中散布,以繁殖其种族。羊齿类亦在水中授精,其无性世代的发达,和有性世代的萎缩,即在多造胞子以分布种族于各地;减少卵子的生产,使其个体易于生存。其生殖方法,实较苔藓类为经济。因卵子不能随水流散布,则聚集愈多,生存愈难;不如多造胞子,散布于空气中,较为得计。至高等植物,造胞体益益发达。大胞子藏于胚珠中,附着于心皮上或包被于子房内,不在空气中散布,以减少损失;小胞子则借风媒、虫媒、水媒等以达授粉目的。配偶体虽极萎缩,但精虫和卵球很易接近,较之水中授精,殊为确实。授精后,卵子在心皮上或子房内发育为胚,在胚期中受母体的保护,至胚体成熟为种子,始脱离母体,借风力、水力或动物的输送,散布各处。动物除海绵、珊瑚、藤壶、牡蛎等少数"植虫"以外,概有移动机官;无论在水中或陆上,均能以自力散布其种族,无须借胞子散布,所以复细胞的动物,大都营两性生殖,不营胞子生殖。动物的两性生殖,在栖居水中的,概以水内授精为主。然如棘皮动物,在水中能自由移动,平时散布各地;至生殖时期,必须聚集一处,使放出的精卵易于遇合。此为动物求偶的起源。至高等动物,营两性生殖时,概以求偶为必要。自蠕行动物以下,雌雄同体的虽不少,但自体受精的殊稀。此等雌雄同体的动物,大都因移动迟缓,求偶较难;所以个体中两性具备,以便与任一个体相近,可以交换精卵。其他移动较速的,大都雌雄异体,栖居水中的如鱼类、两栖类,虽亦在水中授精,但雌雄两个体必会合一处,择水流稳静地方,放出精卵,以免散失。陆栖动物,概须将雄体排出的精液,注入雌体的生殖机官内,使卵球在雌体内受精后,再行排出体外。其授精方法,最普通的为交尾。交尾以外,尚有其他方法。如蜘蛛类中雄体,输出精液,贮于触肢前端的囊状部,乘机接近雌体,即以触肢插入雌体的生殖孔内;达目的后,雄的急急遁逃。因蜘蛛类中,雌的常较雄的体大力强,动辄捕食雄的;所以雄的必须如此,方能达授精目的。又如章鱼、乌贼等的生殖孔,均在外套膜腔内,雄的用一腕承受输出的精液;接近雌体时,即以腕插入雌体的外套膜腔内,使其受精。间有弃去此腕,留于雌体上的。总之,无论为交尾与否,雌雄两体均不可不互相接近,所以求偶一事,为高等动物中通有的习性。此等动物,于异性体间常互相"恋爱"。神经系统愈发达的,恋爱尤为显著。但兽类及昆虫中,雄性的也间有用强暴手段,迫胁雌性的;是为恋爱的变相。又有雄性的具有美貌或威容,一方面借以招引雌性,一方面借以压服竞争的雄性。如雄鹿有角,雄狮有鬣,雄鸡有距,孔雀、鸳鸯、鸡、鸭等雄的羽毛特艳,雄蝶的翅纹特美——此等因性的关系而特具的形质,称为“性色”。此外更有借声音、香气以招引雌性的,如鸣虫中雄的概能发声,鸣禽中雄的鸣声特美,蛙类中雄的具有叫囊,雄麝的脐部有香腺放散香气,都是招引的方法。他如萤的放光,以及鱼类的体色,蝶类的斑纹,借以为种族间的标志,以便于求偶的,称为“识别色”。至于配偶的关系,也很复杂,鸟类营一夫一妻制的颇多,燕、雁、鹤、鸠、鹰、鹫等皆是。兽类中行一夫多妻制颇多,马、牛、羊、鹿、膃肭兽(海狗)、猿等皆是。这个和育儿有关系。鸟类须飞而得食,幼时全赖亲鸟哺育;而且营巢孵卵,亲鸟的辛勤殊甚,非夫妻合作不可。所以一雌一雄相伴不离,成为一夫一妻制。兽类以母乳哺儿,育儿的责任全为母所担负;雄的常互相争斗,体大力强的遂占有群雌,成一夫多妻制。至被人饲养的禽兽,所生之子,亦受人类的豢养与保护,育儿的责任较轻,大都杂婚的居多。

高等的动物,对于种族生活的继续,不仅以营生殖为止。生殖以后,保卵、育儿,尚负许多责任。低级的生物,产卵很多;卵内贮蓄的营养物较少,发育很不完全。渐近于高等,产卵渐少;卵内贮蓄的营养物渐多,胚的发育较为完全。前已说明。但卵子产出以后,若没有保育的方法,中途大都死灭;高等植物,对于卵子的保护,已很周至。表面有种皮和果皮等种种包被,经过胚期后,始脱离母体;胚萌发后,所需的营养料,尚有胚乳预藏于种子或肥厚的子叶内。高等动物中,节肢动物和脊椎动物保卵亦较周备。蜘蛛类的囊蜘,常用丝制一囊,卵均产入囊中,携囊行走。昆虫类的卵,常产于所食植物的根茎叶及果实中,或腐败的有机物中,又或产于所寄生的动物体内,使其卵孵化后可以得充分的养料。最奇的如蜣螂,其卵产于牛马的粪中,常团粪为丸,推丸前行,匿于隐处;卵孵化后,即以粪为食。蜾蠃常筑泥为小巢,捕螟蛉等小虫,以毒刺注入毒液于小虫体内,使麻痹不能活动,但不至即死,放入巢内,不致腐败;复产卵巢内,用泥封巢。卵孵化后,即以小虫为食。鱼类产卵,必在水流稳静清浅易受日光处,且有水藻可使卵附着,有小虫可使卵孵化后易得食饵,所以产卵时常自远洋洄游近海,或自港湾上泝江河,以选产卵之地。龟鳖之类,挖砂作穴,产卵穴中,仍覆以砂,以免为敌所食。鸟类多能作巢以产卵,由亲鸟抱卵,以体温助其孵化。至哺乳类大都胎生,其卵安居母体的子宫中,经过胚期,始由母体产出。又哺乳类、鸟类和其他少数的高等动物,于胎儿产出或卵子孵化后,尚需养育保护。哺乳类概由母体分泌乳汁以哺儿;鸟类中雏鸟的食物,概由亲鸟寻觅哺食。燕类于雏鸟孵化后啄虫哺雏,往来甚勤;鸠类常以嘴和雏鸟相接,吐出已消化的食物以哺雏;这是我们所习见的。乌鳢的母鱼,常率领幼鱼以防敌害;龙落子的幼鱼,在母体腹部的囊中生长。多数昆虫类于产卵后即行死灭,幼虫受父母保育的很少。但如蜂蚁之类,在幼虫时代,也受职蜂职蚁饲养。至于保育以外,尚有施以教育的;但只有哺乳类和鸟类有这样的事实。燕雀于雏鸟的羽毛已长时,即教它振翼学飞;猫尝教幼猫捕鼠。吾侪人类,受父母保育的时期既长,且于青年期中,使受相当的教育,能把人类已往的经验传之后世。人类所以能发达进步,实以教育为最大的原因。

四、生物间相互的生活

吾人通观生物和生物间相互的生活现象,最普遍的为"生存竞争"。原生存竞争所由起,实为生殖过繁所致。下等动植物生殖之繁,固无待言。高等动植物生殖较少,然一株的莃娘蒿(十字花植物),每年能产出730 000粒的种子;象的生子最少,每十年生一子,其寿命约为一百年,则七百五十年后可得象19 000 000匹。可知生物的滋生,殆无限度。自然界中可以营养生物的资料,决不能为无限度的增加。所以滋生的生物实际上决不能全数生存。其幸得生存的,实不过千万中之一二。生存竞争的剧烈,即此可以推想。生存竞争的大别:(1)为直接竞争;(2)为间接竞争。直接竞争即生物为生存之故,直接杀害他生物,以营养自身和子孙。但一方面亦为生存之故,避免他生物的杀害。这种竞争,在生物界中殊为显著。间接竞争不直接杀害他生物,惟为自保生存之故,在自然界中取得一部分的需要品,如土地、日光、水分、空气及食物等。其结果使他生物因需要缺乏,致不能维持生存。此等需要品均属外围的环境;若生物体的形性能和环境相适,则生存自易,称为"适者生存"。适者既得生存,不适者即失其生存的机会。此等间接竞争,实较直接竞争为普遍而严峻。

直接竞争中最显著的事实,为生物间相互的残食。生物界中,除绿色植物具同化作用,能摄取无机物以为营养外,其余生物的食料均为有机物,均须取给于他生物体内。因此不能不戕害他生物以得食。就普通的现象言,则"草食性动物"戕害植物,"肉食性动物"戕害动物。其食性随种类而异,或食植物的茎和叶,如牛、马、羊、鹿等兽类,蝗虫、瓢虫、蚕等虫类是;或食植物的根和茎,如野猪、豪猪等兽类,天牛、地蚕等虫类是;或食谷物,如鼠、兔等兽类,鸡、鸽等鸟类,谷蛾、谷象等虫类皆是;或食果实,如猿猴、蝙蝠(寒号虫产热带)等兽类,及多数的鸟类、昆虫类皆是;又有食水生植物的,如食水草的鲩鱼、蝌蚪,食水藻的海牛及儒艮等,食水中浮游小藻的多数蜗螺蚌蛤及海绵珊瑚等皆是;亦有吸食植物液汁的,如蝉、浮尘子、蚜虫等是——此等动物,皆戕害植物的。至食花蜜的蜂鸟及蜂蚁蛾蝶等,食土壤中腐植质的蚯蚓等,则不但不戕害植物,且于植物的生活上大有裨益。大抵草食性动物获食较易,虽也须寻觅探索,但无须攻击追捕。所以较低级的如蚯蚓、蜗、螺、蚌、蛤之类,知觉运动不很发达;高级的如牛、马、羊、鹿、鸡、鸽等,亦性质柔和,易于驯服。惟植物性食物,消化较难,养分较少,所以咀嚼的器官往往特别发达,消化器官亦较强大。至于肉食的亦有种种区别:有捕食鸟类及其他脊椎动物的,如狮、虎、狼、狐、海豹、海狗等食肉类,鹰、鹫等猛禽,鹫、雁等游禽，鹤、鹭等涉禽，以及鳄鱼、蟒蛇、龟、鳖等爬虫，青鲛、棘鬣等食肉鱼，皆具锐敏的知觉、强烈的运动和锐利的齿、牙、嘴、爪等攻击器；亦有捕食飞行游跃的虫类，如哺乳类中的蝙蝠，鸟类中的鸣禽，以及蜥蜴、蛙蟾等，因体力较大，无须特具的攻击器，但概有敏捷的知觉运动；又如蜻蜓、螳螂、蜘蛛、蝇虎、蜈蚣、蚰蜒、蛸蛑、龙虾等体力较小，概有强肢、利爪、毒腮、毒刺等攻击器，统称为食肉虫；又有觅食地下或树中潜伏的虫类，如哺乳类中的刺猬、鲮鲤，鸟类中的鹑、鸡、啄木等，其捕获虫类，虽不须追逐，无待攻击，但须有适于发掘钩引的器官；至食水中小动物，如哺乳类中的鲸，常张口吸水，小动物随水入口，鲸即以须漉水，吞食小动物，其他水栖的动物亦多借此资生；因其捕食较易，所以此等小动物往往无知觉机官，和不能移动的。此外尚有吸吮血液，如蛭、蚊、蚤、虱等，或觅食腐肉，如鸢、埋葬虫及蝇蛆等。就大概而论，动物性食物，其获得较难，决不如植物性食物之易；惟滋养既丰，消化又易，足以补偿其求食时的劳乏。且动物的食性，亦能随环境改变，如食肉的猫犬，食虫的鸣禽，饲养于人后，亦能杂食谷物及果实；食水草的蝌蚪，陆栖后则为蛙而食虫；蚊蝇蚤虱之类，其初为吸吮植物液汁或舐食腐肉的，其吸吮人畜的血液，亦为后来改变的习性。吾侪人类，概为杂食性，然游猎民族，多食乳肉；农业国民，多食谷物；习惯亦复不同。至于植物，也有能戕食动物的，称为“食肉植物”。如毛毡苔，捕虫堇、捕蝇草等，其叶面概有毛茸黏液；虫类触其毛茸或被黏液黏住后，叶面即次第闭合或卷缩,压迫虫体,并分泌液汁以消化虫体。消化的液汁,自叶面吸收;吸尽后叶片始恢复原状。又如貉藻和印度的猪笼草,其叶上有小囊体或瓶状体,虫类一入其中,即不得出;死后遗体即被消化吸收。总之除人类以外,一切生物,能不被他物所戕食而达于自然死的,千万中殆无一二。虽谓"生物的最后概为他生物所戕食",亦无不可。

生物的最后,概为他生物所戕食;但求生为一切生物通共的目的,为免除被他生物的戕食,常具自卫的形性。如逃避、防御、隐匿、威吓、诈死等,皆为动物的自卫形性中所习见的。"逃避"为自卫中最普通的方法。借逃避以自卫的,不可不有锐敏的感觉器和矫捷的移动器。这器官虽非专为逃避而具,但应用于逃避尤为主要。如羊、鹿的捷走,兔的长耳,猫的援树,牛的浮水,以及飞蜥的膜,飞鱼的鳍,大都专为逃避之用。至用以防御的器官,如犀象的厚皮,鲮鲤、犰狳的鳞甲,豪猪、刺猬的棘毛,龟、鳖的甲,鱼类的棘鳍,虾、蟹的甲壳,蜗、螺、蚌、蛤的介壳,海膽的棘和壳,皆是。他如黄鼬的放臭,蛙、蟾的鼓腹,蟹和蚱蜢的弃肢,亦为防御的方法。一切嘴、爪、齿、牙、毒腮、毒刺等攻击器,均可兼为防御器。"隐匿"的方法很多。或临时隐匿于岩隙树孔中,或预造窟穴以备"隐匿"——这是最普通的方法。也有于体外蒙蔽他物的,如关公蟹背负蛤壳,静止时和一死蛤壳相似;蓑衣虫潜身于枯叶所成的管中,以丝黏着树上,和一丛败叶无异。这种巧妙的隐匿法很多,不暇尽述。又动物的体色和外围景色相似，借以隐匿身体的，称为“保护色”。栖于寒带冰雪地方的熊狐鹰鹗等，概为白色；栖于沙漠的骆驼及鸟类、爬虫类，概为黄色；栖于热带绿树林中的鸟类，多为绿色；昆虫在叶上常带绿色，或作鸟粪状；抱于树枝上的常带褐色，或作树皮状；栖于土中的蟋蟀、蚯蚓等，和土壤同色；夜出觅食的鼠、蝙蝠等，体色暗黑；浮游于水面的甲壳类、头足类、水母类，概透明无色；游泳水中的鱼类，背色青黑如碧波，腹色苍白如青天；栖于水底的鱼类，背面如土砂；栖于岩礁中的鱼类，体色如岩石。且体色有随时改变的，如雨蛙栖于绿草中作绿色，栖于枯草或树干上作褐色；长尾虾在绿色海草中作绿色，在褐色海草中作褐色。有数种动物，不但体色和外围相似，即形态亦和外物相类。如尺蠖类短枝，木叶蝶、类木叶，竹节虫类枝，干龙落子类海藻，通常亦称为保护色。此等保护色，不但可以自卫，有时且用以诱获食物，如虎豹的斑纹，类草木的叶影；狮的色类砂土；螳螂的色类绿叶——皆使其所兆食的动物，不易惊觉，或误认为他物，不遽逃避，易于捕获。这种体色，特称为“诱惑色”。“威吓”为退敌时突然作攻击状态，乘敌惶惧时可以乘机逃避。猫被犬逐，常返身示威，这是吾人所习见的。较奇妙的威吓方法，为拟态和警戒色。“拟态”即模拟他动物的色态。所模拟的动物，概有攻击器为敌所畏惧；或有恶臭为敌所厌恶。如蛾蝇虻及甲虫类，拟蜂类形态的颇多。无毒的蛇，拟有毒蛇的形态；无恶臭的蝶，拟有恶臭的形态——皆属威吓的一种。至有攻击器或防御器的动物，若屡屡遇敌，易于疲敝；故常具特异的体色，鲜明触目使敌动物预知避匿。这种体色，即称为“警戒色”：也是威吓的一种。有毒的蛇，常具特异的斑纹；有恶臭的昆虫，常具艳丽的色彩：都是警戒色的著例。“诈死”的自卫方法，虽极拙劣，但亦往往奏效。因遇敌时若诈死不动，敌即不易寻觅；被获后诈死，使敌不加戒备，易得脱逃的机会。且有许多食肉动物，不食死饵，所以诈死后敌或弃去。蜘蛛、臭虫、椿象等被人捕获后，往往诈死。狸为人所获，即作死状，任人打掷，亦不少动；乘人不备，忽跃起逃去。以上所述种种奇妙的自卫方法，在动物中均属习见。至植物的自卫，概较动物为疏略；然也有具针、刺、毛茸、黏液以及毒性、恶味、剧臭等，以防止动物的戕食。且生物界中，戕食者与被戕食者间常保持适当的平衡。戕食过度，被戕食者衰灭；戕食者即因求食困难，亦必随之衰灭。戕食者衰灭时，被戕食者以仇敌已去，仍复繁盛；戕食者又得丰富的食物，亦即随之繁盛。盛衰依伏，终保持平衡的状态。所以戕食者虽如何残酷，被戕食者虽如何柔弱，而这自然的平衡，实为被戕食者唯一的自卫方法，决非戕食者所能破灭的。

生物为生存之故，直接杀害他生物以营养自身和子孙，这种事实，除戕食以外，尚有寄生。“寄生”和戕食，实际上亦无严密的区别。如衣虱的寄生人身，和蚜虫的戕食植物，事实上均吸取他生物体内的液汁，有何区别？营寄生的生物，统称为寄生物（见表2）。除一部分的菌类，寄生于生物的遗体称为“死物寄生”外；其他寄生物，概寄生于生活的生物体上，称为“生物寄生”。被寄生的生物，称为

表 2　寄生物的类别

- 寄生物
  - 死物寄生——菌类
  - 生物寄生
    - 寄生物（狭义）
      - 寄生菌——黑穗菌、麦角菌、粉露菌、锈菌等
      - 寄生植物——桑寄生、槲寄生、菟丝子等
      - 寄生虫
        - 外部寄生——疥疮虫、衣虱等
        - 内部寄生——蛔虫、绦虫等
    - 微生物
      - 非病源微生物——大肠细菌、根瘤细菌等
      - 病源微生物
        - 病源小体——显微镜不能检出的
        - 病源体——显微镜能检出不能定为动植物的
        - 病源微植物
          - 病源菌——丝状菌或酦酵菌
          - 病源细菌——分裂菌
        - 病源微动物——病源原虫

“寄主”。寄生物中，大部分为形体细微、肉眼不能窥见的，则称为“微生物”。广义的寄生物，当然包寄生的微生物在内。但通常所谓寄生物，往往指微生物以外的寄生物而言，其界限殊不明晰。此等寄生物，属于菌类的居多。菌类没有叶绿质，不能营同化作用，概系寄生。其专营生物寄生的，称为寄生菌。如寄生于麦类子房中，使子房变为角状的麦角菌；寄生于禾本科的茎内，使花部发生黑色粉末的黑穗菌；寄生于植物的茎叶上，使叶面带白色粉末的粉露菌；及使局部起黄褐色锈斑的锈菌：皆是。农林的病害，大都为此等寄生菌所致。高等植物也有营寄生的，称为“寄生植物”。如槲寄生、桑

寄生、菟丝子等，以根或副根插入他植物枝干或根的组织内，吸收寄主的养料。此等寄生植物，本有绿叶，能营同化作用；仅一部的养料，仰给于寄主，称为“半寄生”。惟菟丝子的叶，因寄生后大为退化，叶形很小，缺乏叶绿，非寄生不能生存。至“寄生动物”，如疥疮虫、衣虱等属节肢动物，寄生于人体外部，称为“外部寄生”；如蛔虫、绦虫、肝蛭、十二指肠虫等，属蠕行动物，寄生于人体内部，称为“内部寄生”；统称“寄生虫”。各种动物，有各种的寄生虫加以危害。此等寄生虫，获得寄主以后，不须另行觅食；而且由寄主吸收的营养物，消化极易，所以关系机官和营养机官往往退化。如寄生于鱼类皮肤或鳃叶上的鱼虱，幼时有足有目，状如水蚤；获得寄主以后，即失其甲壳类的本形，仅余瓶状或囊状的生殖机官，专营生殖。一切寄生动物，皆产卵特多，因其获得寄主颇难；若不能获得寄主，则不能自营生活，大多数归于死灭。内部寄生的动物，其侵入寄主体内的方法，或由寄主吞入其卵子于体内，例如蛔虫；或由其卵子先孵化为幼虫，幼虫由寄主的皮肤钻入体内，例如十二指肠虫；最普通的，其卵子散在水中或附着草上，先由水生动物或草食动物吞入体内，称为“中间寄主”；待中间寄主被他动物戕食时，即入他动物内，称为“终结寄主”；在终结寄主体内发生成虫。这中间寄主，必为终结寄主所嗜食的，例如寄生于人体的寄生虫，多以牛羊猪鱼虾蟹螺蛤等为中间寄主；猫的寄生虫，多以鼠为中间寄主；鸟类的寄生虫，多以蜗牛等为中间寄主。必须转移寄主，方能成熟产卵。这种寄生虫，获得寄主更为困难。又寄生动物的寄生性，亦有深浅不同。寄生性较浅的，仅一时营寄生生活。例如寄生蜂、寄生蝇等，其卵子产于蛾蝶、甲虫等幼虫体上；卵孵化为幼虫，在寄主体内吸其体液，或食其体肉，陷寄主于死。寄主死后，其幼虫即化为成虫，营独立生活。农业上可利用寄生蜂以灭除害虫，其效益颇著。

微生物包括微植物、微动物而言，“微植物”以分裂菌（即细菌）及分裂藻及蓝藻为主，但其他细微的菌藻类亦包含在内。“微动物”概属原生动物。此等微生物，除菌类以外，营独立生活的颇多。藻类概营独立生活，原生动物仅一小部分营寄生生活。其营生物寄生的，多为生物病害的原因，称为“病源微生物”。但也有无害而且有益的，如寄生于吾人大肠中的细菌，种类颇多，概于人体无害；其中有数种能补助肠消化，为营养上所必需。寄生于豆科根瘤上的细菌，亦于豆类有益。病源微生物，有为显微镜所不能窥见的，称为“病源小体”，如脚气病、癫狗病、猩红热、麻疹、天花等，其病源小体，均非显微镜所能窥见。又有在显微镜中可以窥见，但不能辨其为动物或植物的，称为“病源体”，如梅毒、回归热、黄疸病、鼠咬症等，其病源体为动物或植物，不能判明。他如白喉、赤痢、伤寒、霍乱、肺痨、鼠疫、麻风、破伤风、百日咳以及十字科植物的根瘤病，葡萄叶的褐斑病等，其病源微生物，属于细菌类，称为“病源细菌”；鹅口疮、瘢风、顽癣及种种脓伤等，其病源微生物，属丝状菌或酸酵菌，称为“病源菌”；又如疟疾、休息痢、睡症以及蚕的微粒子病等，其病源微生物为原虫类，称为“病源原虫”；此等病源微生物，侵入动物体内，往往分泌毒质，混入血液或组织中，使动物体中毒致死。但动物自身也有防御的方法。其血液内的白血轮，能将病源微生物摄入体内，使其消灭；又血液内能发生种种免毒质，以抵抗病源微生物的毒质。所以有数种疫病，一次感染以后，即获免疫性，一生不再感染。又有某种动物，对于某种病害，特具免疫性；植物对于病源细菌、寄生菌等，也有具免疫性的，医学上利用这种免疫性，发明人工免疫的方法。例如把白喉病源菌的毒质，注射于马的血液内，发生免毒质，于是取马的血液，滤取血清；于人患白喉时，注入血液内，使血液内的免毒质骤然增多，毒质即不能为害。又如把天花的病源小体，种在犊牛上，发生牛痘；再把牛痘内的浆液，接种于人体，因病源小体通过牛体以后，毒性减少，发病不甚剧烈。病愈以后，人体内的白血球，既发生消灭这病源小体的能力，在一定时期内，不致再染天花。现时已有多数传染病，能用这种方法治疗或预防。（见表2）

生物界中生存竞争的剧烈，即如上述。但自一方面观察，则生物于其同种或异种间协力互助，以维持生活的，也是一种普通的现象。脊椎动物和节肢动物，雌雄两个体，协力互助，以营保卵育雏等事，固为吾人所常见。但其协力的范围仅及于异性的两个体而止。若多数同种类的个体，不论同性异性，同居一处，协力互助，这现象称为“群栖”。如猿、象、野牛、野马、鹭、雁、鸽、鸟等，皆终生群栖的，称为“终生群”。如海狗、海驴及多数鱼类、棘皮动物等，仅于生殖时期中群栖,称为“生殖群”。如蜂、蚁等于群栖生活中,为分业的组织,形成社会,称为“社会生活”。此等群栖的习性,均于他的生存上大有利益:当危害袭来时,其中一个体受害,全群警觉;或乘机逃避,或合力御敌,群中的幼小的,得受强大的保护,不至为敌所杀害。且一群之中,若一个体发现食物,则全群得食;但必须得食较易,群栖时不至乏食方可。大抵一个体在同一时期所生的生物,概同在一个地域内,唯一地域以内的食物,若不足以维持生存,则能移动的动物,必逐渐分散;获食愈难,则分散愈甚。若其个体的防御力较强,无须集合群力以抵抗仇敌,则往往失其群栖的习性,所以肉食的高等动物,以个体营独立生活居多,营群栖生活的极稀。我们人类遍布地球,其初时当亦同在一地域内。以觅食之故逐渐分散,但因防御力较弱,不得不集合一部分的同类,形成部落,构成社会生活;发生文化,使社会生活愈益发达。当于第三章中,另行叙述。

至相异的两种生物,互相协助,以营生活时,称为“共生”。如蚁与蚜虫共栖一处,蚜虫分泌甘液,为蚁的食料;蚁亦保护蚜虫,使不受他动物的侵害。且蚜虫乏食时,蚁能觅取食物以饲养蚜虫;所以蚜虫也称为蚁牛。又如寄居蟹常居于贝类的遗壳内,其壳上常有海葵附着,海葵的触手具毒刺,能防外敌的侵袭,保寄居蟹的安全;寄居蟹捕得食物,一部分亦为海葵所得。又水母有与小鱼同居一处的,小鱼借水母的毒刺,以免他鱼侵袭;水母体上的寄生虫,为小鱼所食,得免其害。这都是共生的著例。植物的共生,最著如藻类和菌类共生而成地衣，菌类借藻类的同化作用，生产有机物以资营养；藻类亦赖菌丝吸收水分和无机物，以为营养物的原料。又豆科的根瘤细菌，寄生豆根，吸收豆类体内的营养物；但豆类亦赖根瘤细菌的淡气同化作用，得含氮的化合物，为制造豆蛋白的原料。又苔藓等阴地植物，与松杉等森林植物共生一处；阴地植物得森林的庇荫，森林地面因苔藓的被覆，土脉滋润，互有利益，至动植物共生的亦不少。如桃、梅、梧桐等，在叶上常有贮蜜的蜜腺，引蚁上树，称为“蚁植物”。蚁食植物的蜜，植物赖蚁以驱除害虫，即共生的一例。他如昆虫因吸蜜而输送花粉，鸟兽因食植物的果实或茎叶而传播种子，都可认为共生的关系。推至世界之内，动植并存。植物营同化作用，发生养气，制出有机物，以给养动物；动物亦营呼吸作用，排出炭气以供植物的吸收；皆具有共生的作用。可见全世界的生物，一方面为普遍的竞争，一方面为普遍的协助：二者如车的两轮，不能偏废，也不能偏用的。

五、生物的进化

生物形态的复杂，性质的殊异，外围适应的奇妙，往时学者对于此等事实，以为出于造物的主宰！且信一切生物皆为造物所创生，由父母以传之子孙，其种类万世不变，是谓“生物不变”说。至十九世纪中，生物学的研究渐渐进步，对于生物不变说，怀疑的渐多。法人拉马克（Lamarck，1744 ~ 1829）氏著《动物哲学》，开进化论的端绪；英人达尔文（Darwin，1809～1882）氏著《物种原论》，阐明进化论的理由；生物不变说遂失其势力。进化论的大意，谓"一切生物，并非一定不变。乃由简单的下等生物，经悠久的时间，逐渐改变，遂成为繁复的高等生物"。就生物上种种事实考察，其进化形迹，有种种明了的证据。(1)就生物形态上观察，则其类缘的远近，容易明了；同一门类中的生物，皆具有互相类似的状态，足使吾人感知此等生物皆由共同的祖先遗下。分类学上所列的纲、目、科属，和吾人家族内分支、派、房、户相同。(2)就生物系统上考察，往往有许多动植物介于两类的中间；在分类学上勉强归入某类，不过为研究的便利所设人为的境界，非自然界中确有如此之区划。如鸭嘴兽以乳哺儿，归入哺乳类；然卵生、无齿、有嘴，实具鸟类的特征。又苏铁、银杏等，皆开花结实，认为显花植物；但其精子能在水中运动，实和羊齿类相同。可知此等动植物，本由同一祖先分出；其初分歧点相近，有介在中间的生物存在，并非截然分歧。现时分类学上，虽以种为单位，但同种的生物，并非全然相同，仍为一群类似的生物。往往于同一种中，更分为亚种、变种、品种等。(3)从生物发生时观察，一切生物，最初皆从单细胞发生；其后细胞分裂为桑葚期，和单细胞生物的群体无异。腔肠动物以上，其发生中均经过囊状期，和水螅形相同。脊椎动物的发生中，有一时期具有鳃裂，和鱼类相似；其循环器亦和鱼类同。甲壳类各期的变态，第一期体最简单，略为椭圆形，具桡足三对；第二期形如水蚤，第三期状类糠虾，第四期则为虾蟹等成虫；

显然表示其由下等而进于高等的途径。向日葵为合瓣花冠,然其花发生之初,则为离瓣花冠;藓类的胞子,发生丝状体,形状和下等的绿藻类相似:德人赫克尔(Haeckel)氏,谓“生物个体的发生,即其系统发生的重演”;虽长年月中的系统的发生,不能于短时期的个体发生中完全表现,然其大略的经过可以推知。(4)从化石上考察,则古地层内所埋藏的皆为下等生物的化石;地层愈新,生物的程度愈高。由地层内掘出的马类祖先的化石推考,在第三纪中大仅如犬,足有五趾;其后各趾逐渐消失,中趾渐大,体形渐巨,遂成今日的马。以上所述各种事实,均足为生物进化的证据。进化论成立以后,不但使近世生物学的基础一新,即一切学术思想亦受巨大的影响。

生物的进化,从事实上考察,已无怀疑的余地。至生物所以有进化的可能,在乎具有两种特性:(1)生物的形质,由亲传子,子的形质,常类似其亲,这特性称为遗传。(2)子的形质虽然和亲相同,然不能全无改变,常有多少的差异,有时这差异竟很为显著,这特性称为变异。生物若没有变异,则世世相传,亘古如斯,当然无进化可言;然使只有变异,没有遗传,则亲的形质,不能保留于子。生物的变幻,将与魔术所演的无异;人忽变而为兽,兽忽变而为虫,这种变异,也安有进化可言。所以遗传和变异,必须互相牵制,方能使生物向进化的轨道上进行;正与离心力和求心力相合,使物体在圆运动轨道上进行一样。

变异约有四种:(1)为“诱发变异”。即由环境影响而起的变异。

如养料、温度、日光、水分等，对于生物的形质，有莫大关系。往往同一种生物，因环境不同，形质全异。曾有人捕得两种的蝶，改变其温度饲养后，甲种的卵孵为乙种的蝶，乙种的卵孵为甲种的蝶。因知这两蝶，原是同种，不过因生活时温度不同，形质改变，使人误认为两种。他如低地的草木移植高山，则枝干短缩。大陆的动物移住岛内，则躯体渐小。此等类例，不遑枚举。但因环境不同而起的变异，若环境复旧，则变异消灭，复现固有的形质。现经生物学家种种试验，凡生物在发生后所获得的形质，称为后得性，不能遗传于子孙。断臂跛足的人，所生之子，仍手足完全。曾有人将鼠断尾后饲养，经过二十二代后，生子仍然有尾，即为后得性不能遗传①的证据。(2)为个体变异。即同一生物所生的各个体，在同一环境下生活，因各个体所受环境的影响多少不同，各个体对于环境的感受性亦有多少；因而各个体的形质，如大小、长短、轻重、色泽等，亦各个不同。如把各个体变异的程度逐一推考，作成统计表，则表中有一定的中心；个体的多数，均集于中心，离中心愈远的个体愈少。例如取白大豆的种子五升，计 20 406 粒，各测其长度，作成统计表。从表中推得各个体的平均长度为 8.55 粍，即为变异中心。各个体的变异，彷徨

①此处所述后得性不能遗传的证据，均未精密。断臂跛足的人，断尾的鼠，皆不适于环境，非由环境诱发而起，其不能遗传，自无可疑。但此等证据，均不足以破拉马克之说。因拉马克的使用说，固以由环境诱发的变异为主，在同一环境内，固有遗传的可能；至环境复旧，变异消灭，但在环境未复旧以前，不能不认为新种。故鄙意以为论进化的原因，当以拉马克氏使用说为长。附记于此。

于中心的左右,距中心愈近的数愈多,愈远的数愈少。所以这种个体变异,又称为“彷徨变异”。若把变异的程度为纬线,个体的数目为经线,作表示统计的曲线,则成一多角曲线,称为“变异曲线”。以变异的中心为曲线的顶点,向两极渐渐低下,由顶点作中央线,则线的两旁,略作对称状;若测定的个体很多,则左右全然对称。称为标准的变异曲线。一种生物,与同种交配所生之子,测定其标准的变异曲线后,再取其两极端的子,与同极的子交配,若第二代所生的子,标准的变异曲线不再改变时,则为“纯系”。但通常所谓种或品种,大概均非纯系。所以把两极的子交配后,所生的子,往往可分离为数个标准的变异曲线;至不能再分离时,方为纯系。培养动植物的,常选择优良的品种,造成纯系,于农林畜牧事业上,效益颇著。(3)为“偶然变异”。即生物的子孙,忽然现其祖先所没有的形质。如复叶的植物忽变为单叶,卷毛的羊忽变为直毛:诸如此类,经生物学家发现的实例已属不少。这变异能传之子孙,能形成新种,所以这变异和诱发变异及彷徨变异不同。诱发变异和彷徨变异,均系受环境的影响;这变异殊于环境无关。(4)为“交配变异”。即同种或血缘相近的生物,具有不同的形质;互相交配后,所生的子为杂种。其形质或似父,或似母,称为“偏性遗传”;或在父母的中间,称为“间性遗传”,再将杂种和杂种交配,所生的子其遗传愈益复杂。近年德国生物学家曼台尔(Mendel)氏,由种种实验发明遗传定律。更经欧洲生物家的实验,证明此定律的确实。这定律的要旨:凡生物细胞的染色体内，具有遗传质；当生殖母细胞行减数分裂时，遗传质等量分配于两个芽胞中，营有性生殖时，父母的遗传质均具于子的细胞内，设父母的形质不同，例如稻的粳糯，蚕茧的黄白等，这一对不同的形质若为偏性遗传，则现于其子的形质，为“现在遗传”，其遗传质称为“优性遗传质”。不现于其子的形性，为“潜在遗传”，其遗传质称为“劣性遗传质”。设以 A 及 a 代表两遗传质。A 对于 a 为优性，a 对于 A 为劣性。第一代的子，表面上显 A 的形性，是为表型。细胞内的遗传质，实为 Aa，是为性型。凡性型内具有一对不同的遗传质时，均为杂种。杂种细胞行减数分裂时，Aa 的遗传质分裂为 $A+a$；所以这杂种和同性型的杂种交配时，第二代诸子的性型表型可以 $(A+a)^2$ 的展开式推演。这展开式为 $A^2+2Aa+a^2$。其中 A^2、Aa 皆具优性遗传质，现 A 的表型；惟 a^2 内无优性遗传质，故现 a 的表型。又 A^2+2Aa 为三个乘积，a^2 为一个乘积；所以第二代诸子的表型，为优三劣一的比例。其性型则为 A^2、Aa 和 a^2 三种，A^2 和 a^2 均为纯种。若与同性型的纯种交配时，所生之子，表型均与父母相同。惟 Aa 仍为杂种，与同性型的杂种交配时，所生第三代诸子表型、性型仍可依 $(A+a)^2$ 的展开式推演：若杂种 Aa 与纯种 A^2 或 a^2 交配，则称为“远种杂婚”；所生诸子，表型性型可依 $(A+A)(A+a)$ 或 $(a+a)(A+a)$ 的展开式推演，至父母有两对不同的形质。例如种子，色黄皮滑的和色绿皮绉的两种豌豆交配时，其两对遗传质可以 A 和 a 及 B 和 b 代表。所生诸子的性型表型，可以 $(A+a)^2(B+b)^2$ 的展开式推求；

若父母有三对以上不同的形性时,亦可类推。至间性遗传,其遗传质无优劣的区别;除杂种的表型,在父母两形质中间以外,其余一切的关系,仍与遗传定律无异。

近年生物学家就动植物细胞内,发现"性染色体",亦与遗传定律有关。性染色体有三种型式:第一型在雌体的营养细胞和生殖细胞内,有两个特大的染色体,称为X染色体;在雄体的营养细胞和生殖细胞内,仅有一个"X染色体"。生殖细胞行减数分裂,发生的是卵球时,两个卵球内各有一个X染色体;但发生的是精虫时,两个精虫分为两种:一有X染色体,一无X染色体。授精时有X染色体的精虫与卵球接合,发生雌体;无X染色体的精虫与卵球接合,发生雄体。第二型的雌体内染色体和第一型相同。惟雄体的营养细胞和生殖细胞内,于一个X染色体外另有一个特小的染色体,称为"Y染色体";行减数分裂后,有X染色体的精虫授精后发生雌体,有Y染色体的精虫授精后发生雄体。第三型和第二型完全相反。即卵球有二种:一有X染色体,一有Y染色体。精虫则概有X染色体。有X染色体的卵受精时,发生雄体;有Y染色体的卵受精时,发生雌体。人类四十八个染色体中,女子有二个X染色体;男子有一个X染色体①,一个Y染色体②,即属于第二型。据现时生物学家见解,

①X染色体为1912年微尼怀台(Winiwarter)所发现。

②Y染色体为1917年维曼(Wiemann)所发现。

即细胞中没有认出性染色体的生物，其普通染色体中，亦当有与性染色体作用相同的为性别的原因。就中生殖细胞精卵二方，一方具有 X^2 的性型，一方具有 XY 的性型；授精时依 $(X+X)(X+Y)$ 的展开式，成 $2X^2+2XY$。所以两性的生产数，大略相等。至雌雄的第二性征，即形状、色彩等，其遗传质概和性染色体有连带的关系。此外形质的遗传质，也有和性别相关的。如父母有一对不同的形质，遗传于其子；在雌体上此为优性时，在雄体上则彼为优性。是为伴性遗传。有角的羊，和无角的交配所生的子孙，凡具杂种性型的，雄的皆有角，雌的皆无角。美洲种的鸡，以花雄和黑雌交配，则花为优性，杂种皆花；但纯种中雄的皆花，雌的皆黑。若黑雄和花雌交配，则杂种中雄的似母，雌的似父；累代如是，是为"交叉遗传"。至纯种则雄的皆花，雌的皆黑。此等伴性遗传的实例尚多，概可依遗传定律说明其关系。生物学家应用这遗传的法则改良品种，称为育种。在农林畜牧上，很著效益。如英国种的小麦，产量较多；瑞士种的小麦，能耐寒冷。两种交配后，可得产量较多能耐寒冷的纯种。又蚕的杂种中，有吐丝很长，饲育日数很短的；若造成纯种，这形质不能两全，所以常制出杂种的蚕卵，饲养较有利益。吾侪人类，亦当然可依遗传的法则，以图体格上、品性上的改良；但人类的婚姻，非如他种生物，可以由专门家配合；且生产较少，世代较长，均非他生物所能比拟。所以此事殊不易实施。唯禁止精神病及恶疾者的结婚，以免不良形性的遗传，改良生物状况，普及教育，以后天的教养，改进先天的禀赋,实为使人类或民族优化的方法。研究这种学术的,特称为“优生学”。

生物既具有进化的可能性,但进化的原因,学者间尚未有论定。拉马克氏谓“生物形质的变化,原因于环境。当环境改变时,生物体某部分使用较多,某部分使用较少,或全不使用。于是使用的部分发达,不使用的部分萎缩。这形质传之子孙,若子孙亦在同一环境中,继续使用或不使用,如是数代或数代之后,形态上遂显著变化。长颈鹿颈部的发达,乃其祖先常伸颈以食高树叶的结果;露脊鲸无齿,乃其世代吞食小动物,不用齿咀嚼的结果”。这学说颇为一时所信,称为“使用说”或称“拉马克主义”。但后得性不能遗传,既为学者所公认,则因环境而起的变异,自不能认为进化的原因。至达尔文氏则谓“人类所饲养的动物,如鸡、鸽、犬等,及栽培的植物如小麦、芸苔、菊、牵牛等,本为野生动植物的一种。经人类饲养、栽培以后,品种很繁。其由一种而分为多种的原因,则由生物的形质,各有变异;人类饲养、栽培时,各各选择其形质合于己意的,繁殖其种类;其形质不合人意的,为人类所摈弃,不得留遗其种类。这个称“人为淘汰”。经数十百代人为淘汰的结果,品种遂殊。自然界的生物,因生存竞争的激烈,其受自然界的淘汰和人为淘汰相同。生物的形质,适于环境的,得生存以残留其子孙;不适的尽归死灭,不得留遗种类。这种自然淘汰,经数千万代以后,其适应的形质显著,遂与其祖先的形质截然不同。同一祖先所留遗的子孙,各因其环境的不同,各具特异的适应形质,遂成为现世界千态万状的生物。达氏又将高等动物因求偶的竞争而起的淘汰,称为雌雄淘汰。高等动物的性色,达氏也用雌雄淘汰来说明,这种学说,称为“淘汰说”,也称“达尔文主义”。在十九世纪后半期中,这学说很占势力。社会事物,受这学说的影响很多。但达氏的自然淘汰说,本由人为淘汰说体会而得。人为淘汰的效果,仅能将若干纯系混合的品种,分离为纯系,无形成新种的可能。自然淘汰,对于已形成的各种间,虽发生关系,但与形成新种无关,和人为淘汰相同。所以淘汰说只能认为进化的助因,不能认为进化的主因。以后的学者对于淘汰说怀疑的,则信仰使用说,主张由环境影响而起的诱发变异,为进化的原因,称为“外围影响说”,亦称新拉马克主义。否认使用说的,亦信仰淘汰说,主张以自然淘汰为进化唯一的主因,称为“淘汰万能说”,亦称“新达尔文主义”。二氏学说以外,又有“杂种说”和“偶然变异说”。前者谓新种由杂种而成,认交配变异为进化的主因;但交配变异不过将两种遗传质混合,不能发生具有新遗传质的新种。后者以偶然变异为进化的主因,此变异与环境无关;其形成新种,固属事实,但谓进化的主因专属于此,亦未能置信。所以进化的原因,尚无定论。就今日所研究而言,新种的形成,约有三端:(1)外界的刺激影响于生殖细胞时;(2)相异的遗传质混合发生变异时;(3)遗传质的偶然变异——这三端能形成新种,均为确实的事实;更于形成的新种间,行自然淘汰,使适者生存,遂为进化的原因。

第二章
人类的精神生活

一、精神的作用

精神(Soul Mind)的意义,广狭不同。广义的是对物质而言,以万有为物质与精神相合而成;哲学上所谓精神,多属广义。狭义的为对身体而言,有时指精神的本体,则亦称为灵魂(Soul);有时指精神的作用,则亦称为心意(Mind)。研究此种精神现象的科学,称为心理学(Psychology)。希腊时代的心理学,以研究人间的灵魂为主,与哲学、宗教的区别不明;至近代心理学所谓精神,意义常与心意相同。总之,广义的精神,为万有所同具;狭义的精神,则仅具于有生命的物体中,其发达与否,随生物体的高下,大有差别。植物的心意,概不明了。最下等的动物,亦与植物相同;动物的体制渐进于高等,心意亦渐渐明了。至人类,则心意的发达最高;但在初生时,亦与最下等动物无异。研究“发生心理学”的，以为“个人心理的发生，为其系统心理发生的重演”。这和生物中“个体发生为系统发生的重演”（见前），其关系相同。吾人由婴儿以至成人，其心理的变迁，经过下等动物、动物、原始人、野蛮及文明人的心理状态。这是研究“儿童心理学”者所公认的。

精神附丽于身体而存在；所谓生命，就是指身体、精神结合的状态而言。没有精神的身体，便是尸体；至和身体分离独立的精神，如幽灵、游魂等，亦为科学上所不能承认的。所以精神和身体，关系至为切密。全健的身体，方能发现全健的精神；若身体有疾患时，精神亦渐次衰颓。至精神的健否，亦影响于身体；患精神病的人，身体概渐次羸弱，是其明证。但精神的生活和身体的生活，其现象全不相同。生物机体的活动虽和无机体的运动不同，然其活动需要时间和空间，则和无机体的运动无异。所以身体的活动，无论为反射运动、自主运动或有意识运动，均可由外界观察而知。若心意的活动只有时间关系，没有空间关系——属于内界，须由自己省察，方能明了。虽其活动时，亦常有一种表征，现出于外界。如喜则笑；悲则哭；羞耻则面红；惊惧则手冷；注意事物，则头部常保持一定的位置；深思长虑时各机官均呈呆滞状态，消化力大减；他人亦可从其生理上或行动上的表征，测知其心意的状态。其他潜伏于机体的里面，不能从外表窥测的活动，尚难尽述。此种从生理上或行动上研究心理的，称为“生理的心理学”和“行动的心理学”，在现代颇为发达，因其用实验和观察的方法，所得材料，较合于科学的性质；且因其与生理学及生物学互相连贯，使吾人对于身体与精神、动物与人间的关系益益明晰，在心理学上贡献甚多。但这种研究方法，不过从身体的现象，间接以揣测精神的现象；所直接窥见的，仍然是身体的现象，不可误认为精神的现象。所以用这种方法时，仍须以内界的反省为根据。由内省的结果，知某种精神现象，常和某种身体现象有关，方可由外界以测知内界。此种由内界反省的方法，实为心理学的基础，称为"内观的心理学"①。其发达较前二种为早。现代的心理学，内观的和生理的、行动的三种研究方法并重，互相辅助，斯学遂日益发达了。

心意的活动，可由自己省察而知。当吾人为有意识的运动时，在刺激和运动中间，心意的活动，都可以自己省察。所谓意识（Consciousness），就是指现在显现的心意而言。原来心意的活动，有种种不同，如记忆、思想、感情、欲望等，皆为一种心意的活动。但此等活动尚不是单纯的，实为数种更单纯的活动结合而成。心理学家用内

---

①行动心理学，注重实验和观察，与内观的心理学研究方法略异。但并非谓反省的研究方法全然可以弃置不用。又行动心理学认吾人心意的活动和身体的活动，其性质的大部分相似；故认心意的活动亦为一种行动。但心意的活动与身体的活动，究不能谓其全无差别。我国近时郭任远君著《人类的行为》，完全采机械主义，颇攻击内观的心理学。但科学的革命，不在于攻击旧学说，而在于建立新学说。新学说成立后，旧学说已失其价值，则当然无人置信，不攻自倒；若新学说未能圆满成立，则旧学说的价值自在，不能消灭也。

省的方法加以分析，而以每一个最单纯的活动，称为“心意成素”（Mental Elements）。种种心意成素，虽悉包藏于心意中，但不能同时悉数显现。其同时显现的，不过诸成素中的一部分。这同时显现的一部分心意成素，统合而成为现在的心意。未几，现在心意中的各成素或者隐退，出于意识界以外；或者仍存留于意识界中。而本在意识界以外的他成素，忽显现于意识界内，则又统合而成一个现在的心意。前的现在方去，后的现在又来。一个现在的心意，即成一个意识。所以吾人的心意，实为许多现在的心意即意识连续而成。心意的活动变化不息，常相连续，如江流滚滚，没有分析的界限。心理学家称为“意识流”。至意识的反对为无意识，如睡眠或失神时，心意的活动全然休止，是为“无意识状态”。非如此无意识状态时，总称为“意识状态”。惟由意识状态移于无意识状态时，其意识明了的程度渐渐减退，亦无界限可言，正如夕阳西坠，由薄暮而入黄昏；此过渡时期的状态，亦称半意识状态。由无意识状态移入意识状态，亦复如是。

意识界有一定的范围，和吾人的视界有一定的范围相同。视界的范围称“视野”。视野的中心为“视焦点”。意识的范围称“识野”。识野的中心为“意识焦点”。在焦点及焦点近旁的心意成素较为明了，离焦点渐远的渐渐不明；也和视野中心及周边的关系相同。意识与无意识的境界，称为识阈。识阈以内为意识界；识阈以外为无意识界。但意识界与无意识界，不能有确实的境界线。所谓识阈,不过是大体的界画罢了。吾人的意识,概有向焦点集注的倾向,心理学中称这集注的状态为注意(Attention)。既有注意,即有“不注意”。不注意和无注意不同。绝对的无注意,几为吾人所不能想象。慈母对于保抱的子女、小儿对于心爱的玩具,虽在熟睡中,略起变动,辄能醒觉,可见在无意识状态中,集注的倾向仍不消灭;此点略受刺激,意识即复显现。所以凡有意识,必有多少的集注。惟集注的状态大有差异。注意深时,识野缩小,集点的内容极明了;惟过甚则心意黏滞于一点,一切疏略,或至于视而不见、听而不闻。注意广时,识野扩大,焦点上的内容不很明了;过甚则心意浮散,一切恍惚不明。通常所谓不注意,即指心意黏滞时疏略的状态,或心意浮散时恍惚的状态,即注意极浅略的而言。总之,注意深则必狭,广则必浅,不能兼全。儿童的注意不甚发达,常浅而且狭,即浮泛而不能深入;且常限于局部,不能扩布于多方面。至成人的注意,深浅广狭,则常因训练而异。

吾人平日所受事物的刺激,其数殆无限量。这无数的刺激,并不悉入吾人的意识中。当吾人涉足街头时,耳目所接,肤体所受,如纷杂的形色。喧闹的声音、携带的物件、穿着的衣履,以及足的前进、手的振动等,常在意识界以外。忽然这无数刺激中的一个刺激,惹起吾人的兴味(Interest);这时这刺激的性状即显现于识阈中而成感觉(Sensation);同时吾人对于这刺激,起快不快的心意状态而成感应(Affection)。感觉与感应,常互相随伴。例如凉风是快的,苦味是不快的;凉和苦为感觉,快不快为感应。感觉为现于识阈中感官所受的刺激;感应为身体全部对于这刺激所受的影响。至刺激的能惹起兴味与否,常随刺激的性状和各人的心意而异。新奇或重大的,即异常的刺激,容易惹起兴味;而可以惹起小孩兴味的,未必能惹起成人的兴味;可以惹起学者兴味的,未必能惹起文盲的兴味。且所惹起的兴味,或者浓厚,或者淡薄。兴味浓厚的注意自深,其刺激的感觉和感应,在识野的中心,极为明了。反之,兴味淡薄的注意自浅,其刺激的感觉和感应,在识野的周边,不甚明了。所以兴味和注意互相关联,实为同种心意状态的两方面。就心意的感应状态而言为兴味,就心意的集注状态而言即为注意。惟有时以感应方面为重,有时以集注方面为重;前者称为所动的注意,后者称为能动的注意。即异常的刺激,或与其个人心意有特殊关系的刺激,自然引起心意的感应;因而集注时,为所动的注意。若平常的刺激,本不易惹起心意的感应;因吾人自己的努力而集注心意时,为能动的注意。这注意的开始和继续维持均须努力,以抵抗所动的注意。然注意既起以后,兴味自生,则由能动的注意,变为第二次所动的注意,便无须努力了。例如吾人读书写字,初时必努力集注其意识,勿使分心于他种刺激。其后兴味渐渐浓厚,即能继续自行注意,不至为他种刺激所纷扰。大凡小儿及下等动物,概只有所动的注意。稍长的儿童和高等动物,得为能动的注意,但往往须受他力的强制,促其努力。训练后方能自行努力,无待强制。至发生第二次所动的注意,则殆非成人不能。

吾人的心意成素，概可别为感觉和感应的两方面。感觉为心意中客观方面的要素，感应为心意中主观方面的要素。一切心意成素，概由这两方面的要素结合而成，和阴性元素与阳性元素结合而成种种化合物无异。把心意成素分析为这两方面，更由所动的注意、能动的注意及第二次所动的注意，区别其发达的程度，称为"心意的二分法"。向来把心意成素，依其作用方面的差别，分为知、情、意三种：知亦称知识（Knowledge），为心意对于刺激的客观作用，以感觉的要素为主；情亦称感情（Feeling），为心意对于刺激的主观作用，以感应的要素为主；意又称意志（Will），为心意支配运动的作用。依此作用区分的，称为"心意的三分法"。这三分法系就精神作用最明了的方面，为便宜的区别；虽与二分法大致相同，但不及二分法的精密。用此等分析法说明复杂心意的构成，称为"构成心理学"；以德人冯德（Wundt，1832 ~ 1920）为此派的代表。或不采用此等分析方法，就吾人对外的行动上，研究统一的心意机能，称为"机能心理学"，以美人詹姆士（James，1842 ~ 1910）为此派的代表，更由此派再发展为"行动心理学"。前一派为科学的，后一派为实用的；各有短长，在现代均占重要的位置。

原来吾人的心意，虽可区分为感觉、感应的二方面，或知、情、意的三方面，然常互相结合其活动的机能，常统一地向一个目的进行。活动的目的，无非适应环境，以发展个体和种族的生活。这活动机能的中心部分，为意的活动；一切行动，皆以意的活动为出发的主因。然知和情的活动,常与意的活动相随伴。设仅有意的活动,没有知和情的活动,则对于外界事物,不能明了其性状,且所受事物的刺激,对于自己生活有何关系,亦无从分别。因而所发出的行动,亦无适应外界发展生活的价值。吾人的意志,既不绝的为种种活动,全赖知和情的调节。譬如航海的船舶:意为发动机,支配全船的行动;知为望远镜,以窥测海面的礁岛;情为罗盘针,常向生活的目的,为一定的指示。在精神生活未发的低级阶段中,大抵偏于情而疏于知。考察儿童及未开化民族的心理,其意志受感情的支配较多。盖快常与生活一致,苦则与生活冲突;直捷点说,快的常有利于生,苦的概有害于生。所以依感情的指针,向生活进行,原属不误。惟生活的环境错综纷纭,不审察外围,仅凭依感情为进行方向,则礁岛当前,漠然不觉,生活的危险殊多。于是精神生活逐步向上,达于高级阶段时,情的活动常受知的制驭。即人间的精神,常有尊知抑情的倾向,正如海舶航行,不能向目的地一直行驶,必审察岛屿、港湾的形势,迂回曲折,然后能达到目的地。人类生活范围愈广,知识的需要愈切。感情的适应范围殊狭,只有生活范围较狭的儿童和未开化民族可赖是以生活。生活范围较广的人间,其生活不能不赖知识的指导。既赖知识的指导,当然不能受感情的支配了。所以主知主义的哲学家及伦理学家,皆主张尊知抑情;心理学亦以知为心意中最高的部分,主张以知导情,以情导意,称为理智中心说。但情的苦快,与生活的关系较为切密。尊知抑情的结果,往往使情的抑制过甚，不得发舒。人类的生活，受不自然的桎梏，失却生活的旨趣。其结果必大起反抗，甚至一切任情纵欲，不复受知的制驭；且以绝智弃圣，窒聪塞明，求契合于自然，不惜破弃一切，以求无限制的自由。自然主义的哲学，浪漫主义的文学，即由此而起。心理学中亦有主情的一派，以与主知的相抗争。其结果产出主意的心理学，以意为精神生活的表现，与哲学上的主意说互相提携，认宇宙全体为有意志的存在；一切生物，皆具有生活的意志。下等动物和植物的心意，虽朦昧不明，但其机体的运动，亦受生活意志的支配。高等动物的心意渐渐发达，知情亦渐渐呈露，意的方面受知和情的辅导，亦益复杂。知由客观方面辅导意志，情由主观方面辅导意志。一切行动，经两方面的订正，则适应外界以发展生活的价值愈益增大。此等主意的心理学，为冯德一派所主张，更与行动心理学派所主张行动中心说互相提携，在最近四五十年中现急激的进步。

二、知识的发达

吾人的知识是逐渐发达的。其发达的基础，在于感觉。外界事物，具种种性质，刺激吾人的感官。这刺激现于意识时即称为感觉（Sensation），已如前述。感觉起于兴味，与感应和注意同时显现。所以感觉虽为知的活动，也有情意的活动相随伴。至事物的一种性状，刺激一个感官而起的感觉，称为“单纯感觉”。但通常所谓感觉，概为事物的数种性状同时刺激一个或数个感官，在意识中结合为一团,这时意识中即起事物的观念(Idea)。这种观念由现存的感觉结合而成,称为“直接观念”,省称直观,或称为“知觉观念”,而通常则称为“知觉”(Perception)。原来吾人所谓知觉,不过知道事物的数种性质罢了。至事物的一种性质,刺激一个感官而起的单纯感觉,在意识中所成的观念,称为“单纯观念”;仅出于学术上的推想,在心意中殊难成立。例如,雪的白色刺激视官时,同时雪块的形状亦起感觉;炮声刺激听官时,同时发声的方位和延长的时间亦起感觉;这时观念中雪的白色,炮的响声,即和其他形状或关系混合存在。而雪的白色观念,炮的响声观念,乃一种抽象的概念(详后),不能认为直接观念。这种由种种感觉结合而成的观念,对于单纯的观念而言,称为“个体观念”。但一个事物所具性状很多,感官在一时所接受的,不过多数性状中的一部分,而且这一部分的性状,也不是完全存在于观念中,常有一部分遗落于观念以外。因而所知觉事物的性状,多寡不同;知觉的明确与否,即因此而别。明确的知觉,称为“明觉”。明觉和注意有关;大抵注意力较发达,注意的时间较久,则知觉较为明确。又因个人的心意构造不同,对于某事物能特引起注意时,则知觉亦特为明确。至事物的感觉上性状,存在于观念中,其地位也不平等。结合的结果,一部分在观念中占优势,一部分处于从属的地位。这一部占优势的性状,称为“观念的标型”。通常以视觉的性状占优势的为多,称为“视觉标型”。但如暴风、雷霆、言语、音乐等观念,则以听觉性状为标型;冰的观念,或以冷和坚的触觉性状为标型;食盐、蔗糖等观念,或以味觉的性状为标型;香水硇精、石炭酸等,或以嗅觉的性状为标型。又有以两种以上的感觉性状为标型的,称为"混合标型"。各人的观念标型,随其经验而别。在现代文明人类,味觉、嗅觉的标型很少;而在原始人类,则当以此两种标型为最多。吾人常以口音或手势及图画雕刻等表示观念于外界,所表示的就是观念的标型。语言及象形文字,即由此发生;其后遂脱离感觉上的标型,成为代表事物的记号,因而吾人观念中的事物,也往往脱离标型,代以这事物在语言文字上的名称。又观念中所结合的,除感觉上性状以外,尚有空间、时间的关系。这种关系非感官所能感觉,乃数种感觉结合的结果,存在于知觉中,称为"空间知觉"和"时间知觉"。而其他由感觉来的事物性质状态上的知觉,称为"性状知觉"。有时所知觉事物的性状和外界实在事物的性状不符,例如种种错视图(见图5)等,称为"错常"(Illusion)。这也是感觉结合的结果。

外界事物的感觉上性状,结合而成知觉观念。其后这事物虽离去感觉范围,刺激消失,但这事物的观念仍存于心意中,不全消灭;即或一时隐伏于意识界以外,仍能缘机会而现出于意识中。这时现出的观念,称为"再现观念",亦单称观念;乃观念的狭义,对知觉而言。这再现观念虽为知觉观念的再现,但常不及知觉观念的明确。知觉观念中的要素,常有一部分遗落于再现观念以外。知觉观念中的事物,以现存于外界的为限;其起灭转变,悉受外界的支配。再现观念中的事物,以保存于心意中的为限;其起灭转变,可以自由,不受外界的拘束。这是再现观念和知觉观念的区别。但精神异常时，或误以再现观念中的事物为知觉观念中的事物，如神鬼、妖怪等，均能实现于外界，这个称为“幻觉”（Hallucination）。又睡眠中的再现观念，概误为知觉观念，即称为“梦”（Dream）。

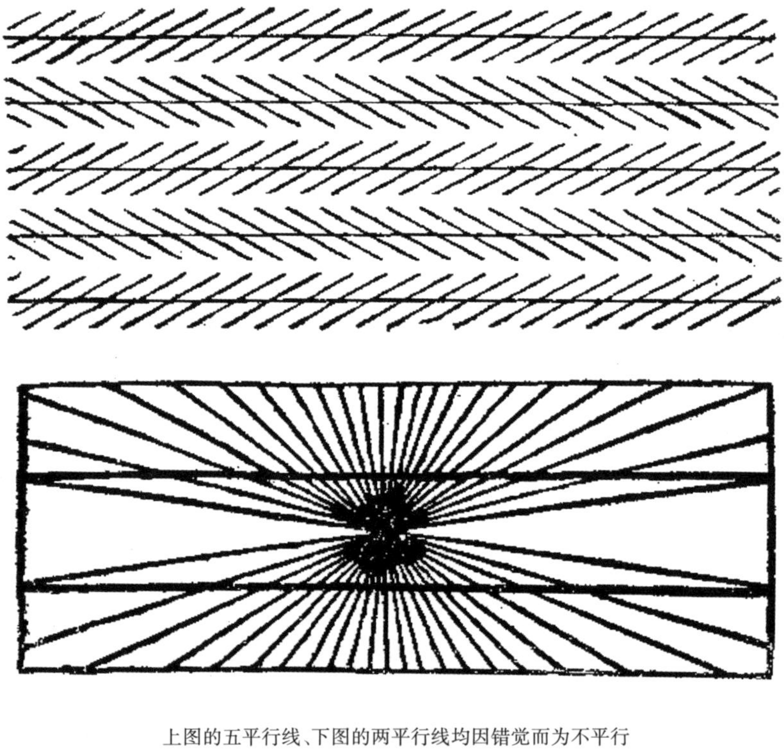

上图的五平行线、下图的两平行线均因错觉而为不平行

图5 错视图

凡存在于心意中的观念，不论为知觉观念或再现观念，若其观

念间有联合的关系，则两观念容易吸引；因而此观念现于意识时，彼观念亦往往随伴显现。这个称为“观念的联合”。联合的关系有种种：性状相同或相类的，如此书与彼书、读书与作文等，其观念相联合时，称为“类同联合”。又性状相反的，如善与恶、大与小等，其观念相联合时，为“对比联合”，或亦并入类同联合中。又空间、时间相接近的，如上海与吴淞、开灯与晚餐等，其观念联合时，称为“接近联合”。时间上有继续关系的，如朝与晚、因与果等，其观念联合时，称为“继起联合”，或亦并入接近联合中。这数种联合关系复杂混合时，称为“复杂联合”。联合的两观念相随伴而现于意识时，起三种作用：一曰类化知觉，二曰统觉，三曰联想。

设如远见一人，略辨其面目，似为吾友。此时即引起友人的再现观念，其面貌遂觉清晰而知为友人，这种知觉观念，由直接观念和再现观念联合而成。其事物的性状，非全由感觉得来，大部分由再现观念补充。这就是“类化知觉”（Assimilative Perception）。其纯粹由感觉结合而成的知觉，称为“纯粹知觉”。图画上的事物，就纯粹知觉言，概属平面；其立体的性状，全由再现观念补充。写意画中，仅以数笔描写人的颜面，似乎官能悉具，须眉毕现，无非借此引起他人的再现观念罢了。由语言文字而知觉的事物，其纯粹知觉，比图画更为简单，所感觉的完全和事物性状无关，不过一种人为的记号，引起观念的再现，称为“记号知觉”；是从类化知觉发展而来的。类化知觉中，再现观念补充的部分，有时竟与事物的性状不符，以致发生错觉。儿童识字,于笔画相仿的容易错误,因为直接观念所引起再现观念错误的缘故。吾人校书时,往往于书中文字愈熟悉,则错误愈不易发现。因其知觉由直接观念来的较少,由再现观念补充的较多,这由再现观念补充的部分,既未实在的知觉,讹误的文字,就不能发现了。又吾人闻轻微断续或带乡土音的语言,其纯粹知觉殊不明了,全赖再现观念的补充,始能知其意义——但误会在所不免。沉晦古奥的文辞,必加注释方能领解,可以随人附会,就是为此。

“统觉”(Apperception)亦为直接观念和再现观念的联合,向来心理学家用此名词的意义各各不同。或谓因再现观念的联合,使直接观念愈明确时,称为统觉。如植物家的观察植物,美术家的展览图画,较普通人的知觉更为明晰,因其所联合的再现观念较为明确的缘故。或谓因再现观念的联合,使直接观念附有意义时,称为统觉,如迷信者见木像而附以神道的意义,博古家见片石而附以宝贵的意义,普通虽起同样的知觉,而意义不同,就因统觉中的再现观念不同的缘故。试于西洋纸上任滴墨水,以滤纸压干,成种种模糊斑纹;或以为人面,或以为云影,其附加的意义,随各人的性别、年龄、职业、教育等,各各不同。又如对虫鸟的鸣声,附以语言的意义(哥哥行不得,浆浆洗洗等),对歌谣、图识等附以预言的意义,亦包举于统觉范围以内。此等意义,颇与上述的类化知觉和下述的联想构想等区别不明。德人赫尔巴特(Herbart,1821 ~ 1892)所谓统觉的意义,谓“于既存的观念内受纳新者作用,称为统觉”。依此解释,则统觉和类化知觉容易区别。即类化知觉是由直接观念引起联合的再现观念,乃以再现观念补充直接观念,并无新的观念发生。统觉则由直接观念引起联合的再现观念后。除以再现观念补充直接观念外,更由两观念结合的结果,收得新观念,以联合于旧观念中,所谓“温故知新”的作用。例如儿童对于墙的观念,初时只有高广和坚固的性状,没有厚的性状;就是只有墙面的观念,没有墙体的观念。其后见墙的侧面,那墙的正面观念就联合再现;于是把墙的直接观念中所具厚的性状,和墙的再现观念中所具高广的性状,结合成墙体的新观念。那时墙的观念,就较为明确了。这就是统觉。把墙的正面和侧面的两观念,结合为墙体的观念,称为“统觉的综合作用”。若把墙体的观念,分解为墙的正面和侧面的两观念,称为“统觉的分解作用”。原来吾人观念中所结合的感觉上性状本极混沌,若没有联合的他观念,经过统觉后,决不能有综合和分解的作用。儿童初见瓶花,若以前没有见过花或瓶,就没有瓶或花的再现观念和瓶花的直接观念联合,绝不能把瓶花的观念分解为瓶和花的两观念;反之,若仅有瓶和花的两观念,没有瓶花的再现观念,也不能把瓶和花的两观念综合为瓶花的观念。当没有瓶花的观念时,把瓶和花的两观念联合起来,成为瓶花的观念;或没有瓶和花的两观念,把瓶花的观念分解开来,成瓶和花的两观念——这都是下述的构想作用了。吾人见了白马,若没有“马而非白”或“白而非马”的再现观念联合,就不能把白马分为马和白。既没有马和白的分解观念,自然也没有马和白的综合观念。总之，最初的事物，观念中所结合的性状均混沌不明，而且遗落的性状很多。必须屡次联合再现，经过统觉的分解和综合后，观念方能明确。所以统觉也称明觉。

至于“联想”（Association），就是有联合关系的两观念，陆续显现于意识中。最初显现的，或为直接观念，或为再现观念；但继续显现的，则概为再现观念。再现观念的起灭转变，虽属吾人的自由，但前后两观念间，常有联合的关系。因其联合关系的区别，有“类同联想”、“接近联想”、“复合联想”等名称。但各人的联想，常因风俗、习惯及个人心意而异。旅人见月而思家，儿童则以为天空的明镜；吾人以红色表喜庆，西人则作为危险的标志。心理学考察联想的心理，知联想有为众人所通共的，称“通共联想”；有为个人所特具的，称“个人联想”。曾有人于一千人中试行联想测验，则由男联想及女的三百九十四人，为通共联想；由桌联想及黑的仅一人，为个人联想。普通成人心理，通共联想常占百分之九十二以上；儿童及精神病者、罪犯等，其通共联想常较少，而个人联想常较多。可知心意脱出常轨的，不能顺应环境了。联想中的再现观念，常因知觉观念的联合而起，和类化知觉或统觉相似。或谓知觉观念中，既常有再现的要素混入；再现观念中，亦常有知觉观念的要素混入。则知觉观念和再现观念并没有根本上的区别，不过程度上的差异。即观念中由现在的感觉占优势时，属知觉观念；由过去的经验占优势时，属再现观念罢了。

观念的联合，若有熟习的表征时，则为“认识”（Cognition），为

“记忆”(Memory)。认识亦为一种记忆,惟认识受外界事物的支配。记忆虽有时也以外界事物为诱因,但不受外界的支配,所以认识和记忆的区别,与知觉观念和再现观念的区别相同。至认识和知觉观念的区别,记忆和再现观念的区别,即在联合观念的熟习与否。所谓熟习:(1)明确,即联合的观念较多;(2)联合迅速而容易;(3)自信。但这都不过程度上的差别。熟习与否,并无一定的标准可言。所以认识与知觉观念,记忆与再现观念,亦无严峻的区划。即同为认识,同为记忆,其熟习的程度,亦大不相同。今如途中遇一人,初见其面貌(纯粹知觉),继觉此人曾经见过(联合的再现观念),知为某某(类化知觉),此时若自信其知觉观念,明确而熟悉,即可称为认识;若其人的身体上、精神上详细的性状及其职业、住址等亦明确而熟悉,则为认识的程度更进了。又见其面貌后,觉此人曾经见过,当时在某某地方,由某某人绍介(联合的再现观念),此时若自信其再现观念明确而熟悉,即可称为记忆;若当时其人如何服装、有何举动及同时尚见何人等,均明确而熟悉,则其记忆的程度更进了。认识和记忆,既在联合的熟悉;若联合愈频数,则熟习的程度愈进。至于甚熟习时,则此联合观念贮积于心意中,不复分离,再现时更无须联合;熟悉的自信亦复消失。此时更无所谓认识与记忆,而称为“直觉”(Intuition)。吾人日常所接触的事物,如家人、亲友、居室、用具等,其观念皆为直觉的。若已熟悉的联合观念,隔离日久,则联合中的一部分,渐曾脱离,是为“遗忘”(Forgetfulness)。吾人心意中观念很多,联合极为复杂;若全不遗忘,则精神瞀乱。所以遗忘亦于知识的发展上有裨益的。惟和生活有关系的联合观念,因屡次联合的结果,遂益益熟习而不至遗忘。至知觉观念和认识,再现观念和记忆,虽不过熟习程度的差别,但知觉观念和再现观念,概为所动的;认识与记忆,则有为所动的,有为能动的。如因形状诡异而认识某人,因偶然感触而记忆某事,这是所动的;若因课业的督促而认识某字,因学业的试验而记忆某书,这是能动的。通常所谓认识和记忆,概指能动的而言。依这样说法,则知觉观念和认识再现观念和记忆,其区别的界限,更容易明晰了。

认识和记忆,其观念的联合,皆以过去的实在经验为标准,绝无自由的余地。虽有时因联合错误,致与实际的经验不符,但在自身不可不确信其为实在的经验。若其观念的联合不以过去的实在经验为标准,而属于自由创作的,则称为想象(Imagination),如上古史迹的想象,将来事情的想象,异乡风景的想象,皆是。想象中联合的各观念,仍由直接或再现而来,不能凭空造出。如吾人的想象动物,或为牛头马面,或为人首狮身,或为一足的夔,或为九头的鸟,不过就已有的观念中,随便分解或综合,成为一新观念罢了。想象也有所动的,不俟努力,不待意匠,就仅少的经验,随便增减;人类的原始心意,大率如此。若能动的想象,则出于意匠的经营,为努力创造的结果。故亦称"构想"(Constructive Imagination)。文艺上的创作,科学上的发明,皆属于此。科学上的构想,以与实在的事物相契合为目的;理化学上电子、原子的构想,天文学上地球自转、公转的构想,皆科学的构想。至文艺上的构想,不必求与实在的事物相契合,但以使人欣赏为目的。绘画、雕刻、小说、诗歌、戏剧中,一切神仙、鬼怪、英雄、儿女、劳人、思妇等,附会事实,描摹情态,皆属于此。近时文艺上的写实主义,务就客观的对象为忠实的摹写,但不能全无主观的构想存在其间,否则仅为事实的报告,没有精神活动的表现,即没有文艺上的价值了。质言之,则科学上的构想,以真为目的;文艺上的构想,以美为目的。但真的未尝不美,美的非必不真;主旨虽异,方法不妨相同。

大凡现实界的事物,往往杂有虚伪丑恶,为不完全的;惟想象界的事物可以自由安排,以达于完全。这事物完全情态的想象,称为“理想”。理想对现实而言,既有的事物为实现的,当有的事物为理想的。可以实现的理想为相对的理想,仅能接近而不能完全实现的理想为绝对的理想。脱离事物的客观性质,无法实现的,如挟泰山而超北海等,称为“空想”。空想至于极端,其空想内与客观事物不相容处,亦全不顾及,自信为可以实现时,称为“妄想”;有发扬性妄想(阳性妄想)、抑郁性妄想(阴性妄想)的分别。前者和快感相伴,如自信为富翁、为帝王将相、为才子佳人、为大力士、为发明家、为神灵仙佛等,皆是;后者和苦感相伴,如自信为罪孽深重,或疾病丛生,或受仇人的迫害,或为恶魔所凭依等,皆是。总之,想象为人类向上发展的原动力;惟驰于空想,或流于妄想时,则弊害滋多。少年时代,容易驰于空想,徒耗精力,无益于事实。若不加制止,流为妄想,其精神渐入于病的状态,且带危险性质;教育家最宜注意。

构想必待努力。以美为目的,则努力于"审美";以真为目的,则努力于"思考"。思考亦称为"思维"(Thinking),为能动的观念联合。其联合必求契合于实在事物,均和科学上的构想相同。但思考以言词代表观念,并可以言词表示其联合的关系;所以思考为论理学的对象。思考的形式有三:曰断定,曰推理,曰概念。

断定(Judgment)是把两观念规定其联合的关系,为思考的单位;就是最单纯的思考。用言词代表两个观念时,用以代表对象观念,就是代表所思考的对象的,称为"主词";用以代表联合的观念的,称为"宾词";用以表示联合关系的,称为"连系词"。如"这马是白的","这鸟是飞的","这花是不香的","这蜂是采蜜的","某君为中国人","这动物是鸟","这飞的是鸟","读书是有益的"等,皆为一个断定。若宾词所代表的观念本由对象观念中分解的,则连系词可以不用。如"这马白","这鸟鸣","这蜂采蜜"等,称为"知觉断定"。其他须用连系词的,称为"观念断定";但有时也可以把连系词省略。如"某君,中国人"是。又对象的事物,若不至混淆时,则主词上的冠词(这),也可以不用。断定的形式,如上所述的,均为"肯定式断定"。如"这马不是白的","这花不香","某君非中国人"等,称为"否定式断定"。肯定式和否定式,总称为"定言式断定"或"合式断定"。又如"马是白的或黑的","某君为中国人或日本人","这飞的是鸟或飞机”等,称为“选言式断定”或“离接断定”。又如“水冷则结冰”,“天雨则地湿”等,称为“假言式断定”或“约结断定”。

至以一个或两个断定为基础,更推出新断定时,为“推理”(Reasoning)。已知的断定,为“前提”或“理由”。推得的新断定,为“断案”或“结论”;以一个断定为前提的,称为“直接推理”。例如“凡江苏人皆为中国人(前提),所以这江苏人为中国人(断案)”;“兰花是香的,所以不香的不是兰花”;“水冷则结冰,所以水不结冰则不冷”等,皆为“直接推理式”。以两个断定为前提的,称为“间接推理”。前提的两个断定内有断案中的主词的,称为“小前提”;有断案中的宾词的,称为“大前提”。例如“这蜂是采蜜的(小前提),采蜜的是益虫(大前提),所以这蜂是益虫(断案)”;“某君是江苏人(小前提),江苏人为中国人(大前提),所以某君为中国人(断案)”等,为“间接推理式”。用此方法推理时,称为“三段论法”。三段论法中,有省略时,称为“省略论法”。例如“这花不香(小前提),所以这花不是兰花(断案)”,就是把“兰花是香的”大前提省去;又如“凡人皆不免于死(大前提),所以彼亦不免于死(断案)”,就是把“彼是人”的小前提省去;又如“惟善人能受尽言(大前提),君固善人也(小前提)”,把“所以君能受善言”的断案省略。至以三个以上的断定为前提的论法,概为三段论法复合而成。例如“牛是有角的(大前提),马是有鬣的(大前提),这动物没有角也没有鬣(小前提),所以这动物不是牛也不是马(断案)”。这论式中有二个大前提。又如“蔷薇属离瓣花区,离瓣花区属双子叶门,双叶子门属被子类,所以蔷薇属被子类”,这论式中有三个以上的前提;最始的前提和最终的前提,互为大前提或小前提。印度佛教中正理派的因明论式,有宗、因、喻、合、结五支,例如“山有火(宗),以有烟故(因),譬如灶等,有烟则有火(喻),如是山有烟(合),以故山有火(结)”,亦与三段论式相合;即“喻”为大前提,“因”与“合”为小前提,“宗”与“结”为断案。例如“有烟则有火(大前提),山有烟(小前提),故山有火(断案)”,即成三段论式。我国文章家有起、承、转、合四段法,亦可认为推理论法。“起”与“转”为两前提,“承”为直接推理的断案,“合”为间接推理的断案。例如“兰花是香的(起),不香的不是兰花(承),这花不香(转),所以这花不是兰花(合)”,这四段中“承”、“转”二段,可以不用;不用“承”的就是三段论式,不用“承”、“转”的就是省略推理式。推理的方法有二:曰“归纳法”,曰“演绎法”。由特种事物的性状推论一般事物的性状,称为归纳法;例如“金、石、土、木、水、空气等皆有重量,此等总称为物质,故物质皆有重量”是。反之,由一般事物的性状,推论特种事物的性状,则为演绎法;例如“物质皆有重量,空气是物质,故空气有重量”是。科学上一切公理、定义,皆由归纳法推定;但应用公理、定义以应付一切事物,则须用演绎法。诸科学中,理科重归纳法,算学则重演绎法。

二个以上的断定,主词各异,宾语相同时,则宾语所代表的观念称为抽象观念。例如“这白的是马”,“这黑的也是马”;“这走的是马”，“这立的也是马”。马为此数个断定中通共的宾词，则这宾词所代表马的观念，乃“不是白的，不是黑的，不是走的，也不是立的”一个标准马。这标准马乃抽取马类中通共性状而成。这抽出的通共性状，称为“抽象”。其余各个马的特殊性状，如黑、白、走、立等，均已除去；这除去的特殊性状，称为“舍象”。这由抽象而成标准马的观念，为直接观念中所没有，再现观念中也当然没有，而且不可以想象，不能说是想象观念，所以特称为“抽象观念”。抽象观念现于意识时，即称为“概念”（Concept）。但抽象观念现于意识时，总不能脱离特殊关系，所以必须以言词为凭借。吾人在言词上所用事物的名称，就是代表这事物的概念。在论理学上不论主词宾词，都是代表概念的。心理学上则以概念的发达，须以断定为基础；因而以数个断定中通共的宾词为代表概念的。但一切事物的名称，无不可以为数个断定中通共的宾词，所以心理学上所论概念，与论理学上殊无差别。不过论理学从言语上论思考的法则，心理学从心意上论思考的发展，所以对于说明概念的方法是不同的。

吾人既能以言词代表概念，于是观念的分析和综合遂益明确。例如马的概念为马的种种通共性状综合而成，而马的种种通共性状，亦可一一分析以言词代表而成为概念。如有躯干及肢，有四足，每足一趾，有蹄，全体有毛，颈背有鬣，尾毛特长，无角等等皆是。惟此等杂多的通共性状中，最重要的通共性状，为此概念中所特有的，称为“特有的特征”。其为此概念中所必有，但亦为他概念中所共有的，称为“通有的特征”。其余不重要的通共性状可以置之度外。例如每足一趾、有蹄、颈背有鬣，是马类所特有的特征；尾毛特长，尤为马所特有的特征；其余均是通有的特征。概念内所有特征的总和，称为“概念的内包”。这概念所适用对象的总和，称为“概念的外延”。内包和外延有相互的关系，即内包增多时，外延缩小；内包减少时，外延扩大——其倾向常相反对。例如兽类的概念，为哺乳动物的概念中除去人类的概念而成。若于兽类的概念中增加四足的特征，则为走兽的概念；而兽类中如猿猴、蝙蝠、鲸、海狗等，凡不具四足的，均不能适用。走兽的概念中加有蹄的特征，则变为有蹄兽的概念，而走兽中如猫、犬、鼠、刺猬、鲮鲤等，凡具爪的均不能适用了；更于有蹄兽的概念中，加奇蹄的特征，则偶蹄的牛、羊、猪等均不能适用。于奇蹄兽的概念中，加一趾的特征；则五趾的象、三趾的貘及具五趾或三趾的古代马，均不能适用，即成为马类的概念。若更加尾毛特长的特征，则驴和斑马等均不能适用，即成为马的概念。概念中割舍特征，使内包减少，外延扩大，则其概念益益变为抽象的；反之，附加特征，使内包增多，外延缩小，则其概念益变为具体的。通常称内包较多的如马、空气、地球等，为“具体概念”；内包较少的，如白色、饥饿、德等为“抽象概念”①。又外延缩小至

①抽象概念的范围、广狭不同，如白色、饥饿等可以感觉的，或仍称为具体观念；惟如德、无限等不能感觉的，称为抽象概念。

不能再缩时，为“个体概念”。自“个体概念”扩大其外延，则为“类概念”及“种概念”。例如兽为类概念时，兽中的走兽为种概念；马类为类概念时，则马为种概念，而一匹马的概念，则为个体概念。即由这匹马、那匹马的个体概念抽象而成。

三、感情的类别

吾人身体内外各器官，受外界事物的刺激，激动兴趣时，除发生种种感觉外，常有苦快的感应（Affection）随伴而起。当刺激现于意识时，若感应的方面较感觉时方面为强，因而使吾人心意中感受其苦快。这时的意识状态，称“感情”（Feeling）。感情有广狭二义：广义的感情，不论因现存的刺激与否，凡心意中所起苦快的状态，统称为感情，这感情对如知识和意志而言，为心意作用的一方面；至因感受现存的刺激而起的感情，为狭义的感情，对情绪和情操而言，亦称为“简单感情”，又称“情调”（Affective）。这情调和刺激的关系：（1）各机官所受刺激，在知觉上关系较多的（如视觉、听觉），在感应上的关系较少；在知觉上关系较少的（如内部感觉），在感应上关系较多。（2）感应的苦快，因刺激数量的增减而改变，即同一刺激，数量适当时为快，过量时则为不快。甘精的溶液，稀薄适宜时味甘，浓厚时味苦；酒精、醇精等稀薄气体皆芳香，浓厚时刺鼻。（3）刺激与自己精神和身体相调和时为快，不调和时为不快。适宜的劳动，可得快感；过劳过逸，均与身体精神不相调和，故感不快。（4）刺激的改变合节时为快,不改变或改变凌乱的为不快。音乐的悦耳,诗歌的感人,就因为音调的抑扬、字句的长短、合节的缘故。(5)苦快常由比较而来。尝苦味后,饮淡水亦觉其甘;处温室中,受微风亦感其烈。可见苦快是主观的不是客观的,不可误认为事物的性状,和客观性的感觉相混。例如苦感不可和苦味相混,饮麦酒的可因苦味而得快感。(6)刺激若屡屡反复时,感应渐渐衰弱;习惯之后,遂至于不起感应。所谓“入芝兰之室久而不闻其香,入鲍鱼之肆久而不闻其臭”是。

又感应的种类,多数心理学家以为只有快不快二种的区别,冯德氏则谓感情有无数的差别:就大体的通共性质上,可别为三个方向:(1)为快不快;(2)为紧张和弛缓;(3)为兴奋和沉静——称为“三方向说”。美人鲁依司(Royce)氏则谓感情有二个方向:快不快的一方向外,尚有安不安的一方向——称为“二方向说”。因而主张感情只有快不快一方向的,称为“一方向说”。主张一方向说的,则谓“感情有无数的差别,乃因感情中所含有感觉上的性质不同。若感应的性质,除快不快以外,更无他种的区别”。盖感觉起于特殊器官的刺激,而感应则为全体对于这刺激所受的影响。各感官虽同时受各种的刺激,诸感觉虽同时并存,而其及于身体的影响,则为利为害必居其一。所以于意识的感应,不过快或不快的一种。至感应现于意识时,身体上所受的影响,可以从外界窥测的,称为“感应的表征”。大凡一切精神作用,均有表征现出于外界;若精密观察其表征时,则其人的意识内所起的心意可以推知。惟感觉的种类既多,表征极微,不易辨认。感应的表征,较为显著。据实验所得,感应为快时,心脏的搏动或脉搏强而迟,不快时弱而速;快时呼吸速而弱,不快时迟而强;快时血液的循环自由,表面的血管扩张,颜面潮红,身体的容积增大,不快时血液集于内部器官,身体的容积缩小;快时体力强,不快时体力弱。关于此等表征,有种种实验方法,兹姑从略。

随感觉或感觉联合而起的感应,为简单感情即情调;随观念或观念联合而起的感应,则为"情绪"(Emotion)。所以情绪比情调为复杂。情绪的性质,也不过快不快二等;但细微的差别很多。我国向称喜、怒、哀、乐、爱、恶为六情(见汉班固《白虎通》),在心理学上皆属于情绪。其他如恐怖、同情等重要的情绪尚多。许多心理学者用种种方法,欲将情绪分类,均无成绩。因种种情绪的名称,由实际上的需要而定,非由科学上的要求而起,故以任何方法作成分类表,终不能免于不完全。但就大体上分别,则如爱、恶、怒等其对象为人或物;喜、乐、哀等虽非无对象,但较前者为主观的。因而称前者为客观的情绪,后者为主观的情绪。又情绪中初起微弱,但持久不变,且渐次增强的,则称为"情态"或"情趣"(Mood);其初起强烈,渐次微弱的,则专称情绪。此等情绪,亦有于渐次微弱后持久不变的,称为"情绪的情态化"。例如喜怒为情绪,哀乐为情态。喜怒常骤发的,其初执着的联合观念泛滥于意识界全部;其他观念全然禁止阑入,意识的生活几被损毁。幸此种情绪,不能久持,渐渐轻解,回复常态。至哀乐等情态,由积渐而生,亦有由情绪转变的。如爱人丧失时起哀恸的剧烈情绪，其后则变为哀思的情态，永续存在。又同一情绪，有时于轻解以后，复起兴奋，叠次往复不已，则称为“情癖”；若相反的情绪交迭相继，至于忽喜忽怒忽爱忽恶，则为“精神错乱”的状态。

至情绪的表征，关于脉搏、呼吸、体积、筋力的变化，随感应的快不快，和前述表征相同。然此等表征以外，尚有更明显的表征；情绪愈强烈的，表征愈显。（1）为分泌腺的异常，如泪腺、汗腺等容易观察；至内分泌腺的分泌，使内脏诸机官的作用起变化，则由精神病学家及生理学家实验而得。据近时的实验，起强烈的情绪时，肾脏上副肾腺内分泌异常，其分泌液混入血液中，使末梢血管及腹部脏器的血管收缩，血压增高，使血液集注于脑、肺脏及手足等运动机官中，为努力的准备；且使肝脏所贮蓄的肝糖，放入血中，疲劳的筋肉得此，即恢复势力。消化机官，因血液减少的结果，食欲减退，或竟不感饥饿；且或因此而得起泻痢。其他作用不明没有导管的腺体，亦往往和情绪有关系。如愤怒时，唾液常含有毒质。动物愤怒啮人时，被啮处常有毒质残留，为吾人所熟知。乳母怒时，其乳液亦有毒性，使乳儿泻痢。（2）为颜面手足及其他筋肉的运动。向来以为这种运动乃继情绪而起，称为“情绪的表出运动”。詹姆士氏反对此说，以为“常识云：‘悲则泣，恐则逃，怒则打’，吾则以为‘泣斯悲，逃斯恐，打斯怒’”云，心理学家对詹姆士所说情绪继运动而起，非难的虽很多，但情绪与运动二者常相随伴，则为一般学者所承认。此种和情绪随伴的运动,在心理学上称为冲动行为,另详下节。

随观念或观念联合而起的感应为情绪,若观念或观念联合,更经过想象或断定等高等的知识作用,由此而起的感应,则称为“情操”(Sentiment)。情调和情绪,其感应受外界的支配;情操的感应,不受外界的支配。故情调和情绪为所动的,情操为能动的。情操常不如情绪的强烈,亦不和情绪的表出运动相伴,但有永续的倾向。情操的类别,从便宜上分为四类:(1)知的情操;(2)道德的情操;(3)宗教的情操;(4)审美的情操。知的情操亦称“论理的情操”。吾人尝排斥虚伪和谬误而爱好真理,就是这情操的一种。彼发明家忘其身家,研究科学以发明真理;有志之士辟邪说破迷信,以发扬真理;均为这情操所刺激的。“道德的情操”亦称伦理的情操,随善恶的判断而生。自为善行时,感满足或欢喜;为恶行时,感悔恨及羞愧。对他人为善行时,起赞赏的感情;为恶行时,起憎恶的感情。“宗教的情操”与道德的情操,在现时关系很为错杂;但在理论上不能不与道德的情操区别。盖道德发生于理想,宗教发生于信仰,根本不同。如虔敬、不敬、信仰、不信、有罪、无罪、安慰、戒惧等,皆属宗教的情操。“审美的情操”,如对于文艺或艺术等人工美的感情,或对于山水风景等自然美的感情,皆是。至声、色、臭、味的美,刺激感官而起的快感,为对于美的情调。审美的情操,虽亦有美的情调加入,但不含有利害关系或直接使人想起肉欲的要素。盖审美的情操，为情操中最复杂的，于美的情调上，更由知的、道德的和宗教的情操结合而成。

四、意志和行为

"意志"(Will)的解释，广狭不同。最广义的解释，为一切动作出发的基因；如"宇宙意志"、"生活意志"等，都是最广义的意志。至心理学所谓意志，广义的指心意活动的一方面，与知识、感情对立，为心意的三分法。这意志为一切有意识运动出发的基因，已述于前。至狭义的意志，则专指实现某种目的的精神作用而言。欲明心理学中意志的解释，须先说明行为的类别。

有意识的运动即随意运动，其中如吾人平时伸手屈足及小孩的奔走跳踯，虽有意识，毫无原因的，称为"偶发运动"。其余具有原因的，在心理学上统称为行为(Conduct)。行为的原因，称为动机(Motive)。简单的动机，为外界事物的感觉或观念(包括知觉观念、再现观念、联合观念等)和随伴的情调或情绪相合而成。就中以客观的感觉或观念为主的为外因，亦称诱因；以主观的情调或情绪为主的为内因，亦称激因。例如兽类的觅食，或由外界食饵的知觉及随伴的快感而起，则属于前者；或由内部饥饿的感觉，及随伴的不快而起，则属于后者。若二者兼有，则动机更为强烈。凡由一个动机出发的行为，概称为"冲动的行为"。就中由简单的动机出发的，称为"第一次冲动的行为"。第一次冲动行为，由客观的感觉或观念引起主观的情调或情绪,对外界事物为某种行为的冲动。其间程序的关系,概为生得的,由祖先遗传而来。所以第一次冲动行为,亦称为“本能的冲动行为”。

第一次冲动行为,在运动开始时,除简单的动机以外,既无目的亦无手段,意志极不明了。惟运动时意识上现运动观念;及运动终了后,随结果的满足与否,意识中又留一结果观念。此时若动机尚未消灭,或其后同样的动机再现时,前此的运动观念和结果观念,与动机联合再现。若前此结果不良,则此观念再现时,起不快的感应,即抑制其和从前同样的运动,改换方向进行。若偶然获得良好结果时,则其运动观念和结果观念再现时,起快的感应,以促进同样的运动。经数次反复获得良好结果以后,行为的目的渐渐明了。故结果观念和随伴的快感,在动机中成为“目的观念”;运动亦渐次改进,容易达到目的,其运动遂成为实现目的的手段;故运动观念和随伴的快感,在动机中成为“手段观念”。于是动机较为繁复。由这样繁复的动机出发的行为,称为“第二次冲动行为”。

由第一次冲动行为,发达为第二次冲动行为,经过前述的程序的,称为“试行错误法”,即屡次试行,屡次错误,偶然达到目的,更再三试行后,始发明实现目的的手段。在精神程度最低下的动物,不能应用这个方法,使行为逐渐进化。所以其行为即以第一次冲动为限。精神程度较高的动物,即能应用这个方法了。如依图(见图6)作一迷路,中置食物,使白鼠从路口前进探食,迷走若干次后,探得

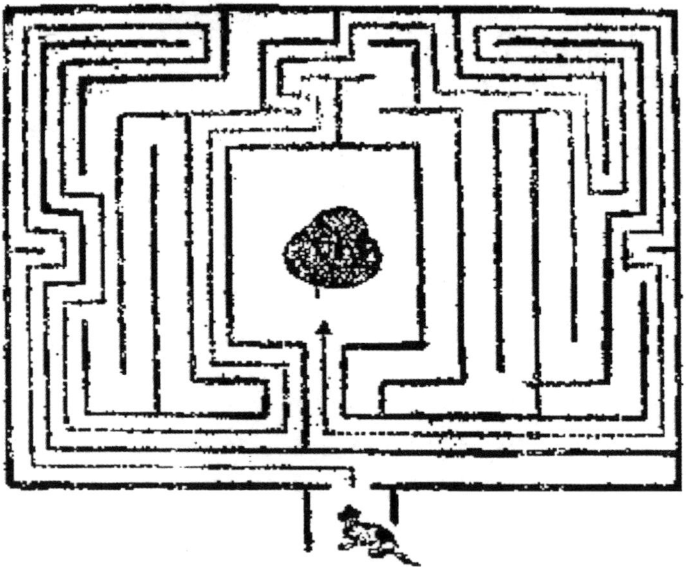

图6　迷路

食物，即取出再置路口；如此反复练习，迷走时间遂逐渐短缩，其后就不至再迷了。这方法完全依赖自己的经验，进步很缓。此外还有“模仿作用”，就是没有经验的，模仿同类中有经验的行为。如小猫虽没有食鼠和捕鼠的经验，但见过老猫食鼠和捕鼠的事实后，它第一次捕鼠的动机中，就有食鼠的目的观念和捕鼠的手段观念，成为第二次冲动行为。至于人类，因为有想象和思考的能力，虽素无经验的事物，也能依赖别种的经验，以推定这事物的关系。如小孩见树头的果实时，虽和这同样的果实未曾吃过，但可以从曾经吃过别种的果实，推定这果实是可吃的。他虽然没有从树上摘取果实的经验，但他总能从别种经验上，推定这果实可以摘下。所以他第一次摘取果实的动机中，已有目的观念和手段观念，成为第二次冲动行为。

总之，第二次冲动行为的动机中，已有了目的观念；至其手段，渐渐合于目的，是由经验模仿或者推理而得。第一次冲动行为是生得的；第二次冲动行为是于生得的以外更加习得的成分，因而其程度殊不相同。若其动机中已有目的观念并随伴于这观念的情绪，而手段观念不明确时，为“欲望的冲动行为”。如小儿见树头果实时，腾跃探取，就是欲望的冲动行为。因其动机中虽有食果的目的观念和随伴的情绪，但没有实现目的的手段。这种心意状态，称为“欲望”。其腾跃探取，仍不出试行错误法的范围。必其动机中更有手段观念，则行为的意志方才成立，其行为才为“意志的冲动行为”。

上述的冲动行为，概从一个动机出发。若意识中同时有二个以上的动机，互相抗争后，一个动机占了优势，排去其他动机，发出行为，称为“选择的行为”。若选择时经过相当的思考，为明确的决定时，称为“决意的行为”。例如学生于课业完毕以后，要看杂志，又想写家信；略略踌躇，即实行其一。这是选择的行为。至毕业以后，或者升学，或者就业；升学则入何校？习何科？就业则赴何地？任何职？经若干时期的考虑，始能确实决定，着手实行。这是决意的行为。选择的行为未经详细考虑，常以动机内所具感情的苦快程度为选择的标准。惟决意的行为，就目的和手段上经过详细考虑，于感情的关系外加理智的关系，以为选择的标准；简单点说：就是以情操为标准的。选择的行为和决意的行为，合称为“复杂的行为”。总之，冲动的行为，其意志为所动的，选择的行为中，意志始具能动的倾向；决意的行为中，意志始现能动的努力。

以上种种行为，可以表明意志向进化方面逐渐发达的途径。原始的行为为第一次冲动行为；幼儿初具知识时，其行为大概属于此类。迨精神渐渐发达，过去的经验渐渐记忆，则由目的观念发生欲望的冲动行为，又由手段观念发生意志的冲动行为。于是第一次冲动行为悉变为第二次冲动行为。至青年时期，知识丰富，在同一境况下，发生多数的动机；其初辄未详加考虑，随意择定，成年而后，经验较多，各方面的关系亦较复杂，凡事不能不有所顾忌；于是深思熟虑，谋定后动，遂由选择的行为进于执意的行为。其意志由蒙昧而进于明了，由简单而进于繁复，是为进化方面的发达。然意志的发达，尚有一方面，乃由明确而复于蒙昧，由繁复而归于简单；是为退化方面的发达。以下所述，就是意志向退化方面逐渐发达的途径了。

第二次冲动行为，其动机中联合的观念较多，若日常琐屑之事，均需联合这许多观念，再行出发，耗费时间、精力殊甚。所以此等行为经若干次练习以后，运动纯熟，成为习惯；手段已不须注意，自然能达到目的。因而目的观念并合于对象的观念中，手段观念亦消失而不现于意识；其动机中只有对象的观念存在，也没有随伴的感情，并且没有十分注意，就发出行为。这种行为，称为观念发动的行为。我们见阶石或门阈时，举足跨越；除阶阈的直接观念外，其他意识，大概没有。这就是观念发动的行为。谈话中的喝茶，写字时的蘸墨，也是这类。家庭间习熟的路径，行走时殆不注意，概为观念发动的行为连续而成。这种由直接观念发动的行为亦称“感觉发动的行为”。但此种行为，亦可离开外界的事物，仅由内界的再现观念发动。例如吾人行熟习的路径，登阶跨阈，虽在黑暗中，亦不致错误；前述在迷路中求食的白鼠，若练习日久，即在暗中亦能不迷。这都是由再现观念发动的行为，亦单称观念发动的行为。若由观念发动的行为再退一步，则动机中的对象观念或感觉一并消失，没有动机，变为“反射运动”或自主运动了。如吾人有时觉着眼内有灰尘阑入，欲除去他，因而闭合眼睑；这是第二次冲动行为。有时觉着有物阑入，眼睑即自行闭合，这是感觉发动的行为；若未曾觉着以前，眼睑即已闭合，这是反射运动了。又如小孩初能举步时，其向前行走，是第二次冲动行为；熟习后，即心意中有前进观念时，即行开步，是观念发动的行为；开步以后，两足继续前进时，并无前进观念，这时两足的运动为自主运动，和呼吸运动相同。

兹将行为的类别表示如下(见表3)。

表3 行为的类别

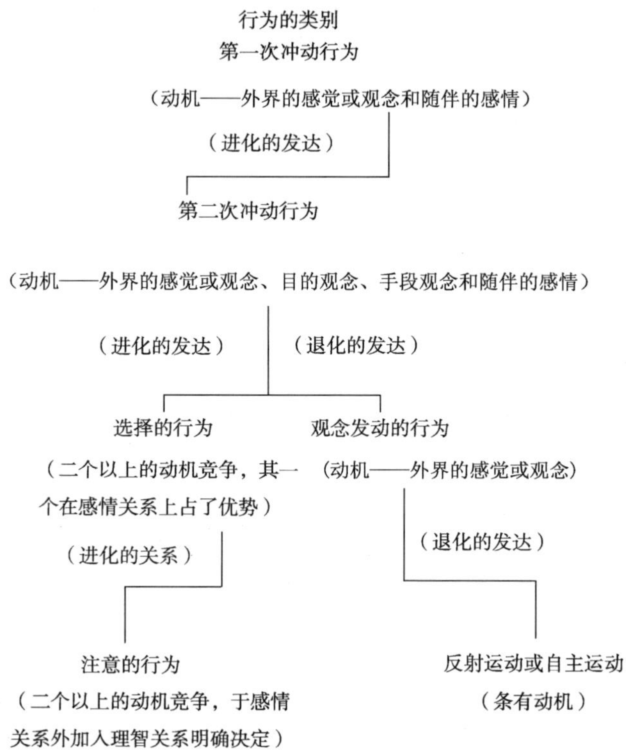

五、本能和人性

本能(Instinct)由祖先遗传而来,为生得的,非习得的。由本能发生的行为，称为“本能行为”。本能行为有广狭二义：广义的本能行为，就是第一次冲动行为，即由客观的感觉或观念引起主观的情调或情绪，对外界事物为某种行为的冲动，已述于前。吾人一切行为，概由第一次冲动行为发达而来，所以本能为一切行为的基础。至狭义的本能行为，乃第一次冲动行为中的一部分。前述第一次冲动行为，其动机中没有目的观念；但有时就他的行为上观察，好像已经具有目的，而且实现目的的手段亦非常巧妙，非常熟练。他虽然没有经验，也没有受过什么指导，经过什么思考，但好像很积有经验，受过指导，经过思考的。如婴孩的吮乳，蜘蛛的结网，燕子的造巢，都是像这一部分的第一次冲动行为。其和他部分的区别，除不须经验指导或思考，自具实现目的的手段以外，尚有他种特征，即其行为常较为繁复，就其全部行为上观察，其动机中概无目的观念和手段观念，和他部分的第一次冲动行为殆无区别；有时并动机也不易明了，好像没有动机的。所以有人把动机不易明了的，称为“本能运动”；如蚕的造茧，蜘蛛的结网，鸟的造巢，其动机大概起于内部的激因，殊不易说明，通常认为无动机的本能运动。但其全部行为既较繁复，则可认为数个较简单的行为以一定的程序继续而成。就其各个行为上观察，则概具动机。或其动机中具有目的观念和手段观念，属于第二次冲动行为。如鸟的造巢，可分为若干次衔取枝条、泥土，置于一定处所的行为；除第一次为本能的冲动行为外，第二次以后即具有目的观念和手段观念，成为意志的冲动行为。

所以狭义的本能行为中,可包含第二次冲动行为在内。又狭义的本能行为既具有实现目的的手段,故经过一二次反复后,即具有目的观念和手段观念,成为第二次冲动行为。其他部分的第一次冲动行为必须积有经验,或受过指导、经过思考后,方能成为第二次冲动行为;亦为这两部分的区别。此等狭义的本能行为虽为第一次冲动行为中的一部分,但吾人可推想其由第二次冲动行为退化而来。即第二次冲动行为的动机中,失去目的观念和手段观念,复退化为第一次冲动行为时,即成为狭义的本能行为。惟其退化的发达,乃经无数世代的练习而逐渐固定;在本身仅得自遗传,非得自学习。此与反射运动的得自遗传相同。上文既说明反射运动由第二次冲动行为的动机消失而来;狭义的本能行为,动机尚未消失,但其动机不明了的殊多,颇与反射运动相近。所以有人认狭义的本能行为为若干个的反射运动连续而成。其与反射运动的区别,不过其运动较为繁复罢了。惟反射运动,大概为无动机无意识的;狭义的本能行为,大概为有动机有意识的。所以吾人不能认狭义的本能行为为反射运动的连续;惟二者同为第二次冲动行为的退化,且由祖先遗传,则其发达的途径固同。至祖先的习得性,何以能遗传于子孙,在现时的生物学中,尚不能为确实的解答。

生物的本能,所以保持生活和发展生活的。本能的大别:(1)为自己保存的本能,更细别为营养本能和保护本能;(2)为种族保存的本能,更细别为性欲本能、育儿本能、社会本能。就中如营养本能等,乃与出生同时并现的,称为“同生本能”;如性欲本能等,乃于出生后经过一定时期始现的,称为“迟发本能”。又如动物的移住、冬眠等,于一定的季节中始现出,称为“本能的定期性”。又如雏鸡孵化后即能追随母鸡而行;若孵化后即闲置一处,经过四日,则追随本能消失,不复再现,称为“本能的一时性”。又当本能发动时,若与以不正当的刺激,则可以暂时抑制或改变。如雏鸟见食物时,有啄食的本能;此时若与以恶味的食物,则可以暂时抑制其啄食的倾向。如前述雏鸡的追随本能,即因没有相当的刺激,本能受抑制而完全消失的。又如婴儿吮乳,为同生本能;然若不令吮乳,仅用匙取乳哺儿,经过若干时日后,本能消失,虽含乳房,不复吸吮。雏鸡孵化后,若与母鸡隔离,则于人犬等经过近旁时,亦能追随其后。此等均称为“本能的通融性”。吾侪人类,狭义的本能较动物为少;即因为人类的精神较为发达,常随后来的境遇获得经验,以改变本能,所以狭义的本能不易固定。动物中所具狭义的本能,虽经无数世代练习而成;固定以后,似不改变。如蜘蛛的结网,燕雀的造巢,数千年来手段相同,绝无新工作发明;但其同种类中,做法不同、形式相异的,亦复不少。可以推想其为祖先以来逐渐改变的形迹了。

狭义的本能固定以后,改变较难。广义的本能虽容易改变,但其改变时仍有不改变的一部存在。大凡一个本能的活动,都有知、情、意三方面的作用。知的方面,就是客观的感觉或观念,能引起情调或情绪的;情的方面,就是被客观事物所引起主观的情调或情绪;

意的方面，就是要发出某种动作的冲动。美人麦铎格（McDougall）氏把这三方面的作用分为三部。知的方面，称为传信部；情的方面，称为中央部；意的方面，称为司令部。他说："传信部与司令部，可大受变化；惟有中央部存着不变。"就是说本能中关于接受外界刺激的部分和对外界行动的部分，都可以为后来的经验所改变。只有被激动的情调或情绪，是永远保住它的特性。在人人心意中，当这个本能被激动时，其所现的情调或情绪常常相同。例如吾人骤闻大声，激起怕的情绪、发出逃走的行动。这种本能，为最普通而且最有强力的，通常能为骤发的大声所激起。然如屡次听到这种可怕的大声，而没有可怕的事实随着；既有了经验以后，对于这种高声渐渐不起注意，不能激起他的本能。又如无人岛的鸟类，初次见人并不惧怕。并非这鸟类没有怕的本能，但不能为眼中所见的人影而激起；若岛上的人时时击猎鸟类，则不久此岛的鸟类，即见人影而逃避。因人类猎鸟时，放枪或为其他的动作，激起鸟类怕的本能；屡次反复后，鸟类于见人影时，这怕的本能也可以激起。可见本能的传信部是容易改变的。又加争斗的本能被激起时，怒的情绪和殴打的行动同时并现，在小孩群集时，这殴打是很习见的。但在学过拳术的人，其动作或不出于此。又或惯用某种武器，则这个本能一受激动时，其手就立即握住刀柄，或为取手枪的准备，而不伸手打人，可见司令部也很容易改变的。所以这两种本能激起时，只有怕和怒的情绪不易变动。其自觉的心意状态，和身体上显现的表征总是一样。虽表证的浅深各人不同，但论其大体，则为人类所通有。所以每一个主要本能，就有他所特有一种情绪，始终保住他对于动作的一个冲动的性质。

吾人既说明本能，将进而说明性的意义。性的意义，广狭不同。广义的性，为一切现象出发的根源。如水的结冰为现象；则其未有结冰的现象时，吾人可以说水有结冰的性。这性为自然所赋予，《中庸》言"天命之谓性"，就是广义的性。任取一物，其现象无数，即其性亦无数。吾人就各物比较其现象，区别其性的同异：就其通共点而言，称为"通性"；就其特殊点而言，称为"特性"。就万物的通性上总称为物，更就其特性上则为生物、无生物及植物、动物、人类等。吾人就万有现象中考察，觉其有显著的类别凡三：(1)为理化现象；(2)为生活现象；(3)为精神现象。即心意、理化现象为一切物类所具有，其出发的根源，为物理性、化学性等，亦单称为性。《孟子》所谓"山之性"、"水之性"、"杞柳之性"，都是指这个"性"而言。至于生物，则于物类所通有的理化现象以外，更具有生活现象，这现象出发的根源，亦称为性。《告子》言"生之为性"，《荀子》言"生之所以然者谓之性"，就是以生活现象出发的根源为性。凡生物形态学、生理学、生态学上所称的性，如男性、女性、草食性、肉食性、向光性、嫌气性，都是指这个"性"而言。《孟子》谓"形色天性也"，也是就生活现象上说的。较高等的动物，于生活现象上更显现心意。这心意出发的根源，即心理学所称知性、情性、意性以及感性（感觉和观念作用出发的根源）、理性（思考作用出发的根源）等。这三种性的意义，都是狭义。

我国文字上，性从心为形，可见性的本义为心意的根源，其他均为引申义。但向来说性的，有时较本义更为狭隘。如《荀子》谓“性之好恶喜怒谓之情”；刘向①谓“性生而然者也，在于身而不发；情接于物而然者也，出形于外”；至宋儒乃谓“性之有动者谓之情”（程颐语录），“情是性之用”（朱熹语类）。于是未发谓之性，既发谓之情，专以性为情所出发的根源。因此近时研究心理学者，乃谓吾国向来所谓性，就是本能。这与告子所谓“食色性也”的见解相同。前已说明“本能活动时以情的方面为中央部存着不变”，故以性为情所出发的根源时，则认性为本能，似无差误。但吾人的心意作用，通常分为知、情、意三方面，或分为知和情意的两方面。若仅以性为心意中情的一方面的根源，则其他方面的根源何在？夫人有智愚，是由于各人个性的不同；孔子言“性相近也，习相远也，唯上知与下愚不移”，是即以知所出发的根源为性。宋儒专以性为情所出发的根源，只可认为性的别义。且即如宋儒之说，专以性为情所出发的根源，亦不能认本能为性。情的作用，其强弱亦随各人的个性而殊，吾人不能因此而认为本能的差别。盖本能为冲动行为出发的根源，乃感受刺激与发出动作的中间，心意历程出发的根源；就是数种心意作用以一定的关系与联络而显现的根源。这心意作用的关系与联络，虽可认为性的一部分，但不能只认这关系与联

①刘向，字子政，汉宗室。著有《洪范五行传》、《列女传》、《新序》、《说苑》等书。

络为性。正如水有能为固体、液体、气体的性，有随热度的增加而次第变态的性。吾人若不认知、情、意出发的根源为性，而只认本能为性，是犹不认水有能为固体、液体、气体的性，而只认水有依热度的增加而次第变态的性，岂非不根之论呢？且我国古人说性，常专就"人性"(Humanity)而言。人性，就是人类的通性，也就是普通成人所同具的性。人类为生物中的动物，当然有生物的通性和动物的通性在内。但既称为人性，则除生物及动物的通性以外，当然有人类所特有而为其他生物及动物所无的特性。若以本能为性，则人类的本能大都与兽类的本能无大差别。惟以性为心意作用的根源，则人类心意的发达，当然非兽类所能及。人类的心意与兽类的心意的差别，其最重的特点，为知的方面理智的发达。由是而情、意两方面，经理智的导引，养成高尚的情操与自由的意志。此等心意，其出发的根源，皆属于人性。至人性的善恶，为我国数千年来学者聚讼的问题，当于下章叙述。

人性为人类在其他生物及动物间所具有的特性，一方面又为普通成人所具有的通性。但人类的各个人间所具的性，一方面通共点固然很多，一方面特殊点亦复不少。这种个人所具有的特性，称为"个性"(Individuality)。除形态上、生理上、生态上的个性，属于人种学或人体生理解剖学的范围外，关于心意上的个性，心理学家常特立"个人心理学"一科，以资研究。原来"人心不同，各如其面"①，若

①见《左传》。

欲详究个性的差别，则千万人即有千万的个性。研究个性的，只能于无限的个性中，更就其显著的通共点和特殊点，加以区别而为个性的分类。通常别为知和情意的两方面，知性的方面的类别，称为“资质”或“禀质”；情性和意性的方面的类别，称为“气质”（Temperament）。资质的差别很多，如感觉的锐钝，直观的疏密，联想的迟速，记忆的良否等，各人不同。通常就其等差，分为上智、中才、下愚三级。近来欧美心理学家，制定智能检定法；自三岁以至成人，各列智能标准，称为“智能年龄”。检定各人的智能年龄，和其历年龄比较；若以历年龄除智能年龄，再和100相乘，称为“智能商”。智能商在90～110 间的为中才，110 以上为中上，120 以上为上智，90 以下为中下，80 以下为低能，25 以下为白痴。据心理学家检查，上智与下愚均占少数，而以中才为最多。此等智能的差别，半由于父母的遗传，半由于祖先的遗传。所以资质的高下，为研究优生学者所当注意。资质的等差以外，尚有资质型式的差别。型式有二：一为想象型式，一为思考型式。前者对于事物，常注意于接近联合、类似联合；后者对于事物，常注意于论理的关系、因果的关系。前者常为具体的考察，后者常为抽象的考察。前者为艺术家或实务家的型式，后者为科学家、哲学家或思想家的型式。至气质的差别，有四种型式：（1）为胆液质；（2）为黏液质；（3）为神经质；（4）为多血质——这四种类别始于希腊古代，乃就实际上考察，为常识的分类，非科学的分类；近时经心理学家的修正说明，比较的具有科学意味。如温德氏就情绪上以反应的强弱和变化的迟速,说明四种气质的关系,如下表(见表4)。

表4　气质型式的关系

	变化速	变化迟
反应强	胆液质	神经质
反应弱	多血质	黏液质

即情绪的反应强而变化速的为“胆液质型”。沉着而富于忍耐力,有决心与实行的毅力,然使气易怒,傲慢不逊,为其缺点。反应弱而变化迟的为“黏液质型”。对于眼前的刺激,不易激动,非慎重计较利害得失后,不遽实行;其举动常卑屈无气力。反应强而变化迟的为“神经质型”。受少许的刺激,易倾于悲观,乏决断力;然长于思虑,富于想象,有学者诗人之风。反应弱而变化速的为“多血质型”:活泼敏捷,多具乐观;但乏忍耐力,常失于轻躁。这四种型式,纯粹的亦不多见,大都一种型式中更混合他种型式,因混合的程度成无数的差别。此种型式不但存在于个人间,即国民或人种间,大体上亦有这样的类别。如法兰西为多血质国民,英吉利为粘液质兼胆液质国民,殆为世人所公认。此资质和气质上型式的不同,使人类中各具固有的个性,各本其特长以效能于社会。所以发挥个性,在教育上和修养上,均认为要点。

个性的差别为生得的;就个性的差别上,更加习得的成分,则成为“品性”(Character)。即各人的品性,于各人的个性上积经验而成。各人的个性,本为行为的根源;初时依其个性,选择动机表现行为。由行为和环境的关系,生出种种的结果,获得种种的经验,以影响于个性,即成为最初的品性。这最初的品性,即为下次行为的根源;而下次行为所获得的经验,又影响于最初的品性。如此逐渐造就,次第固定,遂成为各人的品性。所以品性为行为的结果,亦为行为的根源。品性和“习性”,意义相似而不同。习性就生理、生态上形于外的习惯而言。如某人有晏起的习性,某人有左利的习性,某人有嗜辛辣的习性是。品性就内面心意的习惯而言。如某人的品性温和,某人的品性严正等是。品性由心意的反复习练而成。品性成立以后,一切行为受其统制;无论遭遇如何状况,其处置概有一定的方向,无须经过详细的考虑,直即决定。由品性出发的行为,即为“品行”。所以品性或品行,为伦理学上判断善恶的对象。

但谓人类的行为,常由其品性决定倾向则可;谓人类的行为,决不能违反其品性则不可。否则人类的行为,全然规定于品性,没有自由的意志存在,即不能负道德上的责任了。在品性确定的人,于种种动机中选择其合于品性的,成为意志,现于行为。故其行为与品性常相一致。通常的人,其品性有时为强烈的动机所掩蔽,现出与品性相反的行为。其品性对于行为,不能为绝对的决定;不过使其行为的倾向,有多少强弱的差异罢了。广义的品性,包括善品性和恶品性;狭义的品性,专就善的一方面言,为品性陶冶的对象。盖品性虽能统制行为,使向同一的方向,但亦非绝对固定,不能更变的。借修养训练的力,可以徐徐改变其方向。吾人当内省自己的个性和品性,外察环境和生活的关系,依据理性的指导,把善的品性努力保持,使其发达完全;恶的品性努力抑制,使其渐渐隐退。这就是修养和训练的任务。

六、自我和人格

“自我”(Atman)的观念,随年龄渐渐发达。儿童在未能使用“我”的代名词以前当然没有自我的观念。至于能使用“我”的代名词时,其所谓我,概指自己的身体而言。彼由自己头面肢体的视觉或触觉,起自己身体的观念;又由感觉和感应的经验,能把自己身体和他物体区别,乃起身体的自我观念。这精神作用渐渐明了,对于自己的心意能为内界的反省时,知外界身体的行动悉由内界心意的主宰;心既为一身之主,则所谓自我,当然在心而不在身。于是由身体的自我观念,发达为精神的自我观念。但世俗之人,往往误认心脏或脑髓为司精神作用的机官,遂以此等机官为身体的主宰;又或因人体死亡时,心脑等机官虽依然存在,而精神作用完全消失,乃推想人体生存时有灵魂住宿于心脑等机官中,为身体的主宰;且推想这灵魂为气体状态的物①,于人体死亡时逸出躯壳以外,渐渐弥散;

①《说文解字》释魂为阳气,可证。

所以世俗上所谓精神的自我,实际上仍为物质的而非精神的。至哲学上所谓精神的自我,亦有种种议论。纯理派哲学家,以谓由内省而自觉的精神作用,如知识、感情、意志等,皆为自我的表现,而非自我的本体。我有知识,不能即以知识为我;我有情意,亦不能即以情意为我。此等精神作用,其为我的而非自我,亦与身体相同。自我的本体,立于所表现精神作用的背后,超越感觉或自觉等经验界,仅能由思考而认知其实在。此派的哲学家,由"我思故我在"的推论,认知自我的本体,或称主我,或称超绝的我,或亦称为灵魂;皆指自我的本体而言。经验派哲学家,则否认本体的实在;谓"本体不过为思考的对象,乃假定的想象物,以为现象所由出发的凭依;其实除现象的结合外,无所谓本体"。依此立论,则自我的观念,不过为身体的和精神的种种现象的结合。近世主意主义的哲学家,认意志为宇宙的本体;吾人一切身心活动的现象,皆出发于最广义的意志,故认这最广义的意志为自我。如是则本体界超绝的自我,和现象界结合的自我融合为一。盖最广义的意志,就其原始的方面言,为不能自觉的,属于本体界;就其发展的方面言,为可以知觉或自觉的,属于现象界。可知本体和现象,不过因发展程度不同,有隐显的差别罢了。

"人格"(Personality)与自我,其所指实为同物,而意义不同。各人有各人的自我,即各人有各人的人格。吾人称自己的人格为自我,而称各人的自我为人格。普通文词中,以人与我对待,我原是一个人,人各有一个我。称自己的人为我,称他人的我为人,亦即此意。一个人只有一个自我。眼看书,口读书,心中领会书意;领会书意的我,就是看书读书的我。这为“自我的单一性”。现在是青年,从前为幼小,将来为壮盛;现在的我,就是过去未来的我。这为“自我的同一性”。若一个人同时有两个自我,则为人格分裂。畸形的人,具有两个头脑的,若身体的一侧受刺激时,一个头脑起感觉,一个头脑没有感觉;或全身受刺激而两个头脑起两个不同的感觉;这就是“人格分裂”。又一个人有继续的两个自我,称为“人格转换”或“二重人格”。1887 年,美国甲地有牧师,向银行支银后,忽然失踪。二个月后,乙地有一杂货店主,忽然发狂。此店主约在六星期前,携款来乙地租屋营业,发狂时忽自称为牧师,述其在甲地银行支款以前各事;其以后在乙地设肆营业各事,则全不记忆。医师断为发狂。其宅主试为致电甲地询问,于是牧师的踪迹遂明。此为人格转换的实例。他如狐凭鬼凭等,亦往往类此。

总之,心理学上所谓人格,即指个人身心统一的状态;苟身心统一的机能无缺损和障害,则其人格即为完全。伦理学上以人格为行为的责任者;盖必其身心的机能无缺损和障碍,方能负行为的责任。但由此推演,意义遂渐歧异,或以行为的结果,即事业或功绩,为人格的评价;如云“人格伟大”或“人格高尚”等,此人格的意义,与通常所谓人物无异。又行为根源于品性,而品性又根源于个性。或以人格为品性的表征,存于内的为品性,现于外的即为人格,故以修养品性为完成人格的方法。或以人格为个性的表现。人格的殊异,起于个性的差别;故以发挥个性为完成人格的方法,或注重于人格的统一性,而以改节、变操、弃信、背义为丧失人格。或注重于人格的独立性,而以卑谄、屈辱为人格的堕落。所以通常所谓人格,含有道德上评价的意义。至法律学上,则以人格为权利义务的主体;个人身心的机能无缺损和障碍时,即具有人格,可以享有权利,担负义务。即社会上的公私团体,也可以团体内的各个人,代表其机能,成为人格,为权利义务的主体。总之,主观上的自我,在客观上即为人格。自我对他人而成立,故人格常为相对的存在。多数的人格对立而成为社会;人格即为社会的成员,要求均等的机会,以营社会生活。各人在社会中的职业地位,为"社会的自我"。如为富豪的我,为官吏的我,为教师的我,为医生的我,即为社会的自我。至各人对于社会的供给或贡献,与社会对于其人的待遇及评判,为"社会的人格"。苟吾人对于社会有相当的供给或贡献时,则社会对于吾人自有相当的待遇及评判;社会的人格即由此完成。

第三章
人类的社会生活

一、社会的构造

何谓“社会”(Society)? 这问题殊不易解答。往时学者,以社会为一有机体,可用生物学的法则研究。因社会为个人的集合,有机体为细胞的集合,均为集合体;社会的成长(自内部增大)、发达(机关的分化)、新陈代谢、环境适应等,均与生物相类似。这种用生物的法则来研究社会的,称为“社会有机体说”,其渊源远出于希腊。柏拉图(Plato,前429~前347)氏曾以国家与人的精神(灵魂)相比较,为此说的嚆矢;孔德(Comte,1798~1857)氏创立社会学,此说始彰于世;斯宾塞(Spencer,1820~1903)更加阐发,其说益昌。社会学的粗具规模,此说殊大有力。但社会和有机体,类似点固多,差异点亦复不少。生物体内各细胞,概密集而有固定的地位;社会内各个人,则可以分离散布,随意转移。尤可注目的,则社会内各个人各具有感情;生物中除没有神经系统的下等动物,其体内各部均具有感觉外,其余动物,惟特殊的组织具有感觉。此种差异,斯宾塞已提出研究;乃谓社会是有机体以上备有某特性的,因是立“超有机体”的名目。至鲍特文(Baldwin)氏以研究社会心理著名,始用心理学的法则,说明社会进化的原因,以为由进化的结果而形成的社会体制,全属心理的组织。尔后此方面的研究日盛,社会有机体说颇受学者的非难,渐渐废弃。冯德(Wundt,1832～1920)氏于社会学上贡献尤多,社会的进化,归本于意志的努力。依冯德氏的学说,以集合为宇宙间自然现象,可依其程度,区别为三:第一次为化学的集合,由元素集合为种种物质的分子;就中程度最高的为原形质,具生活现象。第二次为生理的集合,即由原形的分子集合为生物体。程度最低的为单细胞生物,这细胞即由原形的分子分化而成;体制最高的,乃发生神经系统,具精神现象。第三次为精神的集合,最高的为人类社会。至人类以下各生物的集合,其精神的关系,程度各各不同。植物和下等动物的集合,不过同种类的个体,因环境的关系,在空间互相接近;没有精神上的关系,即其集合属于无意识的。至具有感官的动物,始能以体、色、声、臭认知同类,起爱、好、感、憎、恶等感情。精神较发达的,更能以彼此心意,互相交换授受,起协动的现象;精神的关系愈密,即集合的程度愈高。程度最高的,其集合全属精神关系,形体的集合转非必要。同巢的蜜蜂,虽散在数里以外,其精神的关系,依然存在;一国家的国民,虽在国境以外,与他国民杂居,其与己国民的精神关系,仍与在国内无异。最广义的社会,即指此等精神的结合而言。若没有精神结合的集合,如道路上奔驰的群众,却不能称为社会。

至精神的结合,其程度亦复不同。动物的社会,不能和人类社会并论,原始人类的社会亦不能和文明人类的社会并论,即由于此。社会学者,就精神的结合,区别为二:一为本能的结合,一为意志结合。动物中具有社会本能的很多,好共存,悲离群,富于同情;当营共同防御或攻击时,对于一群的首领,绝对服从。这种事实,夙为达尔文氏所注意。动物的营社会生活,概受本能的驱使,绝无何等目的存在。原始人类的社会,本由动物社会递嬗而来,其为本能的结合,初与动物无别。不过人类由经验的结果,一切本能行为,渐渐明了其目的与手段,而成为意志行为;已于前章叙述。所以人类的精神结合,渐由本能的而变为意志的;质言之,则动物的精神结合源于本能,人类的精神结合出于意志。这是就结合的原因上说。再就结合的现象上说,蜂蚁的营巢、育卵、抗敌等,一切协动行为,皆为本能的;人类的一切协动行为,皆属意志的。所以动物的社会现象,为本能结合的现象;人类社会的现象,为意志结合的现象。广义的社会,即指意志的结合而言。

意志的结合,又可区别为两种:

第一种为一致的结合,即意志相同、目的观念手段观念相同的结合,其中又有偶然的和人为的不同。各人的意志不谋而合的,为偶然的一致;由彼我交换授受而一致的,为人为的一致。社会学上所谓一致的结合,专指人为的一致而言。大凡世人皆以使他人结合于自己的意志为快。以彼我同一意志,则共同努力,易于贯彻。使彼结合于我的意志,则彼即为我的辅助者,至少为对于我的意志不妨害不抵抗者。意志的遂达,无人不感其愉快;以他人结合于自己的意志为快,就是这个心理。更就他一方面言,则个人的意志完全由内部自发的很少;大部为他人的意志复杂结合,表现于自己的心意中,认为自己的意志。吾人日常自衣服饮食,以至一切动作行为,求其出发的根源,或本于父母师友的教导,或出于旁人的暗示,不知不识之间,自然与他人的意志结合。意志结合的反对现象,为意志离反。这种离反现象,比之结合现象,殊为稀少,宁可认为例外。彼不愿与世人意志结合的,消极的为隐遁,积极的为反抗;但彼等所离反的,究不过为生活上的一小部分,大部分仍与世人相结合。若一个人要完全和世人的意志脱离关系,这是不可能的。但是一个人的意志,要完全和他人一致,也是同样的不可能。前所谓一致的结合,不过一部分的一致,不是全体一致的。例如甲、乙二人均主张革命,甲从军事上着手,乙从政治上着手,是目的一致、手段不一致;又如甲以改良政治而主张革命,乙以变更经济制度而主张革命,是手段一致而目的不一致。但目的和手段,不过阶段高低的差别。目的上更有目的,手段上更有手段。各人的意志,无论如何一致,而最高或低的阶段中,终有一部分的差别;乃根本于各人的个性。虽经协调或训练,可使差异点减至极小,但不能完全消灭。

第二种结合为对契的结合。即彼此意志不同,两方互为对手,合成一种行为。例如商人与顾主,一以获得利益为目的,以卖出货为手段;一以满足需要为目的,以付给价值为手段;意志不同,互为对手,成交换行为。但广义的一致结合,亦包括对契结合在内。必先有一致的结合,方能有对契的结合。如交换的两方,对于交换的原则,必共同承认,就是一致的结合了。吾人在国家中,一方与全体民众为一致结合,成为国民一分子;一方与国家的统治机关为对契的结合,成为受治的人民。一切社会现象,都是这两种结合现象互相糅杂而成。

意志结合的工具,通常以语言文字为主。因各人的意志,都借语言文字发表的。但行动和事业,也可以表现意志,也为意志结合的工具。有时借语言文字的表现以求结合,不如借行动和事业的表现为便。古所谓“以身作则”,就是这个意思。以语言文字为结合工具的,常借讲演、谈话、通信和传布书报等,为结合的机会;以行动及事业为结合工具的,则以耳闻目见为结合的机会。讲演谈话,非集合不可;行动的闻见,亦有赖乎集合。所以结合的手段,以集合为主。惟通信和传布书报以及事业的闻见等,则无须为形式的集合。现时电话电报的便捷,图书杂志日报的广布,均为精神结合的手段。形式的集合已非必要。即就集合而言,因交通机关的发达、都会人口的增加,亦大为便利。人类意志结合手段大有进步,即此可以推知。至结合的形式,以合意的结合为常;结合的两方,立于平等的位置。其不立于平等位置的,有爱慕的结合和威压的结合两种:前者对于自己所仰慕或爱怜的,常以其意志为自己的意志。如遵父母的遗志,守贤哲的训诫,以及听妇人之言,徇小儿之欲,皆属于前者。后者对于某种意志,感其具有威力,不得已而与之结合。如宗教的信条,伦理的义务,风俗、习惯、舆论以及多数的意志,强者的意志等,皆具有一种威力;个人对于此等意志,自觉其不能抵抗,沉默容忍,随同附和,皆属于后者。此外尚有一种模仿的结合。纯粹的模仿,为本能的行为,没有动机存在,所以和意志没有关系。但吾人意志的结合,亦有不出于合意爱慕及威压,而仅出于模仿的。例如小儿模仿父母的行动,大都没有动机,是本能的模仿。至于吾人初次吸烟饮酒,则以模仿为动机。大凡精神已发达的成人,一切意志结合,概有根本的动机。试问何故而合意,何故而爱慕,何故而感威压,何故而欲模仿;虽或起于好奇炫异的本能,或出于爱美求真的欲望,或发于伦理与宗教的感情,而其根本的动机,不外乎种族和个体的生活,称为意志结合的原动力,或称为"社会力"。

前言社会的广义为意志的结合,这是就社会的抽象意义而言;若社会的具体意义,则为意志的结合体。这意志的结合体,即具体的社会,有许多种类:寻常各个人因意志结合的结果,使个人间发生一种关系。但如亲子、夫妇、兄弟、师生、朋友以及雇主与佣工、商人与顾客等结合体,其关系仅存于各个人之间,在客观上不形成一集团的印象;又各个人意志结合的结果,在各个人间当然有一共同意志存在,但如前述的结合体,其共同意志仅存在于各个人的内部,并不自外部感受何等的拘束力。这种结合体,称为“社会关系”。若各个人结合的结果,在客观上形成一集团的印象,如国家、家族、政党、教会、公司、同业、同学等,通常即称此等结合体为社会,乃社会的狭义。此等结合体内结合的各个人,为社会的成员。其成员间的社会关系,若完全相同,或混杂而不明了时,为无组织的社会;若各成员间有种种从属或并列的关系,且有明了的规定时,则为有组织的社会,亦称为“团体”,如国家,如公司,皆一种的团体。无组织的社会,如同业、同学等,虽无一定的组织,若加以组织,即为同业会、同学会等团体。团体内的组织,称为“社会组织”。

至社会内各成员的共同意志,常自外部现多少的拘束力,拘束各成员,使倾向于共同的目的。这自外部现拘束力的共同意志,为“社会意志”。社会意志的拘束力,强弱随社会而异。最强的如国家,而同业、同学的拘束力殊弱。又同一社会,有组织的其拘束力常较强,无组织的常较弱。如同业、同学,虽有一种社会意志存在,但因没有支持表现的机关,拘束力不易显现。若组织成同业会、同学会后,则其社会意志渐现出明显的拘束力。可见社会意志,尝赖社会组织以显现。但如伦理、宗教、风俗、习惯、舆论、传说,亦为意志结合体,其结合的各个人间,不但没有社会组织,且在客观上也没有集团的印象；其社会意志，绝无支持表现的机关；而潜在的拘束力，却很强大。若离反此等社会意志，虽不至受明显的惩罚，但因为群众所非议讥笑，使其名誉或地位上受若何的打击，其惩罚亦殊严峻。此等结合体，亦单称“社会意志”。兹将社会的意义及种类，表示如下（见表5）。

表5　社会的意义及种类

- 最广义的社会（精神集合）
  - 动物的社会（本能结合）
  - 广义的社会
    - 抽象的意义——意志结合
    - 具体的意义（意志结合体）
      - 不具集团印象的
        - 不具拘束力的——社会关系
        - 具拘束力的——社会意志
      - 具集团印象的（狭义的社会）
        - 无组织的
        - 有组织的——团体

上述种种意志的结合体，无数存在，保持相互的联络，成“全体社会”。所谓全体社会，就现在国际间、国民间交通频繁而言，当以世界人类为范围。全体社会，就是世界人类的社会。因为现在世界的人类，均有意志结合的关系。若在往时，一地方的部族与世界人类相隔绝时，则可就其封锁的范围以内，称全体社会。全体社会内的种种意志结合体，称为部分社会。吾人既以世界人类为全体社会，则一切国家及种种国际团体，为部分社会；而在一国范围以内的种种意志结合体,亦可认为国家内的部分社会。对此等部分社会言,亦可认国家为全体社会。但全体社会并不是部分社会的总和,乃由种种部分社会构造而成。如世界人类的社会,不是世界国家的总和。因国家仅为构成世界人类的一种部分社会,而宗教、学术、慈善事业、职业阶级等种种国际团体,均为构成世界人类社会的部分社会。推之,国家虽为各地方团体的总和,而以国家为全体社会时,则地方团体仅为国内的一种部分社会;其他部分社会,尚不胜枚举。更就一个部分社会而言,其社会虽为成员的总和,而不能认为个人的总和。因同一个人,可以为许多社会内的成员。例如吾人在国家为一国民,在地方团体内为一公民,在家族中为族人,在职业上为学校内的教师,在学术则为某某科学社的社员;此外尚加入种种团体,如同学会、俱乐部、进德社等;可知社会为许多个人意志的结合,而个人又以种种意志与许多社会结舍。此种种意志统一于个人的精神内而成人格。全体社会的构造,即为许多部分社会与许多人格,以意志为纤维,错综结合而成。

全体社会内何以发生种种部分呢?现时许多部分社会,各有各的目的,可说是结合的意志不同;但以一定目的结合社会,还是近代的社会现象。古代种种部分社会的发生,不能以现时社会现象推断。社会学家推究社会在原始时期,其全体社会的范围很小,内部殆无部分社会存在;家族的关系,此时亦未成立,称为社会的原形质。其后因人口繁殖,环境的给养不充,不得不移徙分裂。分裂之后，地域既殊，血统亦渐异，遂各发生一集团的印象，而成部族的部分社会。同部族内各个人的意志结合频繁，异部族的各个人，虽间有意志的结合，发生社会关系，但不具集团的印象。其后各部族间因和平的或争斗的种种关系，交通日盛；且都市发生，工商业兴起，一地域内住居许多异血统的人，而同血统的人又散居各地；血统和地域的关系，既不一致。于是以血统关系为意志结合的，称“血缘社会”；以地域关系为意志结合的，称“地缘社会”。如家族、民族以及民族的结合，都属于前者；而城乡、都市、县省等自治团体及国家等，均属于后者。及社会的制度已定，文明渐起，分业日繁，贫贱富贵，阶级不同，地缘社会和血缘社会内的成员，因宗教、职业、地位的关系而分化。同类间的意志，自然容易结合。如同宗教的、同业的以及贵族、资本家、劳动家、中等阶级、知识阶级等，不论有无组织，自然具有一集团的印象，称为“同类社会”。

此等地缘、血缘及同类社会中，当然以谋社会中通共的利益为目的，但利益事项很多，目的因而广泛，且各社会中利益事项往往相同，其后遂有以一定的利益事项为目的，结合社会。关于文化的，如科学会、艺术会等；关于公益的，如卫生协会、慈善协会等；关于经济上生产分配的，如农工等实业团体。凡具同一目的的，可以自己的志愿，为社会的成员，称为“目的社会”。目的社会内的成员，亦往往互相类似，所以同类社会和目的社会性质相近。地缘、血缘、同类和目的的四者，称为社会的纽带。地缘、血缘的两纽带，本于自然；个人于出生后,即为其成员,非由自由的意志加入;由此两纽带结合的社会,称为“基础社会”。同类和目的两纽带,从基础社会推演而生,称为“派生社会”。近世派生社会很多,一社会内成员又众,一个人常加入多数的社会。全体社会的构造,益益繁复,即此可以推知。

二、社会的法则

个人的社会力,概有一定的限度;其对于他人结合的强度,亦常有定量。社交家有多数的知交时,肝胆相照的真知己必少;而友谊真挚的,其交际范围必不甚广。埋头于家族生活的,往往不愿与闻国事;而热心爱国的,往往不治家人生产。此等事实,为世人所熟知。可知一个人虽有种种意志,可与种种社会结合,而结合的动力实出于同一根源,可认为一个原动力的分化。增于此者,必减于彼,称为“结合定量的法则”。依此法则,则全体社会内,其结合强度,亦自有定量而无可增减。但全体社会内,有许多部分社会并立,则各部分社会相互之间发生关系。因而一个部分社会内,其结合的强度可以增大或减小。例如原始社会,其内无部分社会存在,个人的结合力全被吸收,其结合强度最大。及部分社会成立,成员的结合力渐渐分散,结合强度渐渐减小。世界文明愈进,部分社会愈多,错综愈甚,则各部分社会的结合强度愈小,可由此推知。

至就一个部分社会的内部而言,则其结合的强度,常与其社会结合的纽带有关系。复合的纽带,较之单一纽带为强。原始社会,地缘、血缘混合为一，成员亦互相类似，目的自然相同，所以结合的强度最大。由单一民族建设的国家，兼有地缘和血缘的纽带，其结合亦较民族复杂的国家为强。我国商业上的商帮，兼有地缘和同类的纽带，较之仅以同乡或同业结合的团体为强。至各种纽带中，地缘或血缘均为自然的纽带，依存的程度较大，结合亦自然较强；其次则为同类的纽带。面貌肤色的同类，可包于血缘纽带中；言语风俗的同类，可包于地缘纽带中；其他如信仰、职业等非理智要素的同类结合较强，学问、思想等含有理智要素的同类结合较弱。又同类社会中成员同性质的程度愈大，则结合愈强；即其间稍有异质，而其异质为连续的非部分的，于结合上亦无大影响。若有部分的异质存在，则易于破裂。至于以目的为纽带的，其结合的强弱，以成员所获利益的大小为比例。各社会的利益随目的而不同。如政党以政权的获得，政见的遂行为利益；科学会以研究的便利、专门智识的协助为利益；工商业团体则以生产发达、贩路广大为利益；所获利益愈大，则结合愈强。原来利益为支配一切最有力的纽带，一切社会，皆可认为由利益的纽带而成立；前述四种纽带，均包有利益的要素在内。惟地缘、血缘、同类等纽带，于利益的要素以外，尚有其他特定的关系存在，且利益的事项亦较复杂。若现时目的社会，则以单一的利益事项为目的，无其他特定的关系，则除向利益最多的一方结合以外，其余可甲可乙。尤其以物质上的利益为目的的，往往同利为朋，利尽交疏，表面上一时的结合很强，实际上极为脆弱。

成员的人数，也与社会结合的强度有密接的关系。就事实上观察，则社会的人数少时，其结合较为紧密；人数加多时，其结合渐渐弛缓。小家庭大都甜蜜，勃谿诟谇概发生于大家庭中。工厂商店，当其范围狭小时，亲密如家庭；及规模扩大以后，人心涣散，管理綦难。他如小国易于振兴，小民族易于团结；而广土众民，反易陷于混乱溃散的境遇。此等事实，虽不能据为定例，然大体上确有如是之倾向。大都人数很少的社会，其成员日常互相接触，彼此互为人格的结合；至人数超过相当的额数时，则成员间失其对面结合的性质。此额数须随事情决定，但通常以五十人至一百人为率，超过此率时，人格的结合不复存在，而以非人格的客观印象，代人格的结合。在大家族中如祖先的祠墓、家世的荣誉以及家训、家徽、家礼等，在地方团体中如山川、风物、古迹、民俗等，在国家中则更有历史上的事迹以及国歌、国旗等，在宗教团体中如殿堂、圣迹、法物、经典、仪式等，在实业团体中如牌号、商标的信用等，皆为客观印象中最重要的。

人格的结合，成员间的结合力互相吸引，自然较非人格的结合为亲密；然因人格上的关系而生反感的，亦所不免。且以人格结合的，往往“人存政举，人亡政息”。非人格的客观印象，可无此等弊害；在特殊情形之下，例如社会危急时，往往显伟大的结合力。但客观的结合，其结合量不出于客观事物的吸引，仅由成员自发的供给，因而各成员所供给的结合量差异殊甚。一部分的成员供给较多，为社会的支持者。其余多数的成员,往往仅由模仿的或威压的,供给些微的结合量;在社会中仅处沉默旁观的地位,取中立的微温的态度。若人格的结合,则或合或离,决不容有此等地位与态度存在。又客观的结合,其存在于客观的事物,往往为固定的,不能适应环境,因而改革极难。有时其寄托的精神已经丧失,徒残存遗壳,反为社会生存的障碍。正如甲壳类的甲壳上,石灰质填积日厚,有碍生长,不得不屡次蜕皮;但蜕皮必大感苦痛。现代家庭革命、宗教革命等,大率由此。此外小社会的组织,常简单而灵敏,大社会的组织,常繁复而拙滞;小社会的成员,同类性质较多,大社会的成员,同类性质较少:均与结合强度有关。总之,成员的多寡,与结合的强弱,常有相反的影响,但此等不过为事实上的经验律,不能视为科学上的定律。

一个部分社会内的结合强度,既然可增加或减少,则依结合定量的法则,其减少的结合力,必为他社会所吸收。所以许多部分社会相互间,一个社会内结合强度有增减时,他社会所受的影响必与之相反。此为"消极相关的法则"。古代国家的结合较为弛缓,其时氏族的结合很强,族长的权力非常伟大。迨国家的结合较为紧密时,族长的权力渐受制限,民族的结合亦渐弛缓。我国国家的结合,概较西洋诸国为弱,此由土广民众使然;但亦家族的结合较强,有以致此。西洋斯巴达、干地亚(Candia)等小国,国家的结合更较他国为强,家族的结合乃弱至极度。家族和宗教的消极相关,在低级蛮民中尤为显著。彼等的生活,分为圣、俗两期:圣期即宗教时期,营祭礼、宴飨、自由恋爱等社会生活;俗期即家族时期,营家族的经济的生活:这二时期的长短,随风俗不同。在圣期中,家族的结合完全潜隐。至国家的结合,与种种社会为消极的相关,历史上亦易于证明。王权和教权的争斗,在中世纪的西洋历史上占巨大的篇幅,我国国家当衰弱时,往往有藩镇、朋党及教匪、会匪等秘密社会发生。近代的国家,因政党的凌轹,殖民地政权的膨大,及因民族阶级而分立的国际团体存在于国内,于国家的统一上发生多少的障碍;若维持的方法不良,或竟陷于分裂崩溃的境遇。所以世界专制的国家,往往以禁止人民集会结社为唯一的政策。即民主主义的国家,其政府对于人民集会结社,亦无不为严重的注意,加以种种的限制或干涉;尤其在军事期中,此倾向最为显著。一切非军事的组织,悉隶属于军事范围之下,受其指挥监督。

就此等事实观察,似乎各各社会间概为消极的相关;但社会问题,殊不如是之简单。各社会间结合的强度,也有具有连带性的,称为"积极的相关"。大抵社会的性质相同或类似时,往往具此倾向。例如人民热心自治时,则各级区域的自治团体均占重要的地位;又国民热心革命时,则凡"以新主义号召,反抗固有势力"的社会,均增进其势力。但同种性质的多数社会,其结合强度增大时,同时其异种性质的多数社会,结合的强度即因之减小。所以积极的相关,仍包含于消极相关的法则中;不过为结合定量法则当然的结论。然则各部分社会间结合强度的争夺,恰与身体各部分细胞的摄取营养资料相同。而保持各部分社会间的联络,司其强度的分配者,仍为各社会内的个人无疑。

前言意志结合的原动力为个体及种类的生活;所以一切社会,总以谋人类生活的利益为目的。社会对于此目的的活动,称为"社会活动"。由社会活动而起的作用,称为"社会机能"。所以目的社会亦称为机能社会。与人类生活有关系的对象凡三:(1)为同类的人;(2)为物质生活所需要的经济;(3)为精神生活所需要的文化。因此社会机能亦分为三方面:对人的方面,称为"统制的机能";经济的、文化的方面,称为"经济的机能"、"文化的机能"。统制的机能又有对内和对外的两方面:就国家言,行政、司法为对内的统制机能;军事、外交为对外的统制机能。但通常的社会,只有对内的统制,没有对外的统制;所以统制的机能,常专就内部而言。

这种种机能,就全体社会说,是逐渐发展的,非如结合强度的具有定量;不过在极短的时期内,全体社会的机能也略有一定的限度罢了。但就各部分社会说,亦常为消极的相关。如国家以统制为根本的机能,其他有组织的团体,无论为地方、家族、教会、职业等,无不营多少的统制,但国家的统制机能,立于武力之上;国家以外的社会,擅用武力,概为国法所严禁。如地方公共团体对于住民,家长对于子弟,国法上虽承认其若干特权,而强制的执行,仍不能不依赖于国家机关。惟当国家的机能衰颓时,地方团体或职业团体,往往自由行其统制机能;甚至以一都市或一阶级为中心,营军事的活动,为武力的统制。西洋中世纪,教会营统制机能,国家的统制范围转受其限制。又古代的国家,统制极为疏略;而家族的统制,则大为严峻。现代文明的国家,统制机能强盛;其他社会的统制机能,减耗殆尽。至经济上生产及分配机能,在古代本为氏族所掌握;其后由氏族而变为家族,由大家庭而变为小家庭,则经济的机能全失;甚至消费上的加工,如井臼缝纫等事,亦转入于家庭以外他社会之手。此种经济机能,一部分为由经济目的而新结合的社会所吸收,一部分为国家或地方团体的企业。在我国则一部分为外国的资本主义所侵蚀。文化的机能,如教育事业、慈善事业的设立,伦理、道德、文学、艺术的提倡,风俗、习惯的改良,在我国古代为国家所经营;春秋战国时代,国权分裂,知识阶级乃崛起而负此责任;嗣此以后,遂以师儒为文化的中心,政府仅处于监督的地位。现时教育事业,虽为政府及地方所经营,而实际上从事教育者,仍居社会中枢的地位,一切新智识、新思想、新事业及社会改良的新意见,皆由此发生。西洋的文化机能,在中世纪全为教会寺院所掌握。文艺复兴以后,以文化为目的的社会,络续发生。现时文化机能,除一部分由国家及地方经营外,大部分机能由社会负责:其组织的完密,规模的宏远,对于全体社会贡献的伟大,为吾国所望尘不及。又各部分社会的机能,除为消极的相关外,有时亦为积极的相关,例如现时世界人心,俱有解放自由及崇尚文化的倾向。因而全世界的国家及其他团体,关于统制的机能,大都同时减小;而关于文化的机能,则同时增加。此等消极的或积极的相关现象,不能用结合定量的法则说明。

不过社会的机能,可由此社会转入彼社会;即任何社会可以吸收任何机能,任何机能可以被任何社会吸收,这个称为“社会机能的通融性”。社会机能和生物机能的重要差别,即在于此。现时关于国家的机能增减,有种种主张。主张减小的,如自由放任主义以及无政府主义等,均为此倾向的代表。前者在限制国家的机能至统制最小的限度,后者则欲将国家一并消灭。反对的方面,主张增大国家机能的,皆带此倾向。此等主义的是非,姑置不论。惟其主义的发生,皆根据于社会机能的通融性。而过激的社会主义,则欲以生产的经济机能为根本的劳动社会,兼营统制的文化的机能;其根据亦不出乎此。

以上所述社会的法则,乃就全体社会在无进步的静止状态而言,为社会学上静的考察。但社会全体常不绝向前发展。在此种进动状态之下,考察各社会间生灭起伏的关系,为社会学上动的考察。冯德氏社会学中所谓“社会动学”和“社会静学”的区别,即由于此。今先就基础社会考其动的倾向,则地缘社会,渐次扩大而成国家;血缘社会,渐次缩小而成家族。现在的基础社会中,以国家为最大的大社会,以家族为最小的小社会。但稍稍追溯过去,则当时所谓国家,概比今日为小;对于今日的大国家而言,可称为小国家。其国家内所包含的家族,则概比今日为大;对于今日的小家族而言,可称为大家族。可见大社会渐次扩大,小社会渐次缩小;一方向最大的周边进行,一方向最小的周边进行;称为“基础社会扩大缩小的法则”。又大社会和小社会的中间,有种种中间社会,有渐次消失的倾向;即不完全消失,然机能日减,结合日弱,形迹渐渐稀微。例如国家形成以后,其内部固有的部族、氏族等,渐次消灭;大国家形成以后,其内部包含的小国家,渐化为中间社会而融解(如德、意内的各邦)。在今日之地方自治团体,渐变为国家行政区域内的行政机关。这个称为“中间社会消失的法则”。

此等法则,虽仅为由经验而得的经验律,其根据的理由殊为复杂。就大体上说,则大社会的扩大,先由于内部人口的增加,因而与外部的社会发生接触。接触之后,内外社会的全部或一部,一方互相融和,渐渐混合,一方因种种事情,互起反感,由征服而统一;尤其以两方的交互相作用为最有关系。即一方有融和倾向时,对于一方的反感,为共同敌对的必要,自然合一。融合以后,势力强盛,容易征服一方,成统一的基础。大社会的不绝扩大,即以人口增加及融和与征服三者为根本的事情。小社会的缩小,则以人口增多后,分业的发达为主要事情。分业未发达时,个人在所属的小社会内协力劳动。此小社会有封锁的自给自足性质,因而其社会不能过小。分业发达后,小社会的自给自足性质渐失,遂使其范围有缩小的可能。且小社会为紧密的团结,若成员过多,则个人的结合力将全被吸收而无复余裕。分业发达后,个人为生活的关系,不能为范围更广的结合;对于小社会的结合力,不得不减少。因而小社会内的成员,亦不得不减少。又分业发达后,小社会的成员中,异质增大,其结果自然分裂。

至中间社会的消失,乃大社会扩大的自然结果。即大社会扩大后,其成员间励行同化,异性质减少;接触频繁,共同的利益关系较深;则中间社会间的界壁,自然撤废。且大社会的权力,与中间社会的权力不能并存;大社会为自身发展的原因,不能不集其权力于自身,中间社会除立于大社会机关的地位以外,决不容其有一部分的权力,以为统一的障害。因而以明白意识,使独立的中间社会变为从属于大社会以下的一个地方机关。但中间社会的消失,一方固为显著的倾向,一方与此倾向相反对的倾向亦颇显著。即一方强大的国家继续发达,弱小国逐次衰亡。一方强大的国家,又分裂为许多小国。如欧洲大战的结果,卢森堡、比利时及巴尔干诸小国,不但无一灭亡,且于奥地利、俄罗斯中,分出多数小国;爱尔兰亦遂其独立的企图。此等事实,似与大社会扩大,中间社会消失的法则相反,称为“同质要求的法则”。这个法则,一方于既存立的社会内,成员间为同质的要求,一方于既存立的社会内杂多的成员间,一部分同质的集合形成一部分社会,为分立的要求。

这同质分立的要求,与中间社会消失的倾向,现反对的作用,进而对于大社会的扩大,在某程度内有阻止其进行的趋势。当大社会扩大后,因成员间同质的要求,渐向同化进行;但根据心理方面的文化内容，同化较易；根据生理方面的文化内容，同化殊难。所以异民族由强制而统一的，容易发生同质分立的倾向。此种倾向，似乎为大社会的崩坏和中间社会的复活。但这不能认为一般的大势。在现世文化发达，社会间接触的范围日广，非占有广大的土地，拥有多数的人口，势难与外部社会对抗。经济界大企业的利益大，国家亦大范围的利益大。所以大社会的渐次扩大，为难争的趋势。除包含异民族的国家以外，殊无发生分裂的理由。总之，就现代的大势观察，由原始社会蜕化而来的基础社会，不绝向大小两周边进行。至于今日，一方形成若干的大国家，其内部包括多数的小家族。若将来此等法则尚不绝作用，和过去的情形不改，则一方面国际间的团结将愈加紧密，以至世界团结的形成；一方小家族的结合将逐次弛缓，而卒至于崩坏。于是达到所谓社会的原子化(Social Atomization)状态。信仰此说的，称他为“基础社会衰耗的法则”。以为基础社会的命运，将与生物进化的过程中爬虫类的命运相似。

以上不过就一部分已往的经验，为全部未来的推测，究不能为确实性的断定。就中小家族能否维持其永久的生命，在学者间怀疑已多。惟关于国家能否下同样的考察，却为一复杂的问题。依一派的意见，以谓“基础社会虽向衰耗的途上进行，但其中有一例外，即为国家的现象，随时代的进行，增加其机能，巩固其结合，以补偿其他基础社会的衰耗”。这种观察，固确合于事实。现代国家的机能范围日扩，不但营统制的机能，而且对于国民的经济生活上，干涉益深,更施行种种助长文化的政策。国家机能的日益增加,实为不可疑的形势。则其结合的日益巩固,自为当然的结论。但其一派反对的意见,则以谓"国家机能的增加,不能认为永久的大势。将来此机能必渐渐减少,转移于派生社会;而国家的结果,亦将与其他基础社会遭同一的命运"。彼倾向于无政府主义的,及主张劳动阶级专政的,大都持此见解。原来世界大同的理想,固为人类所同具。在悠远的未来中,不能谓其必无实现的一日。但欲在较近的未来中,贸然主张,甚或诅咒国家,破坏家庭,则实与生今反古者同一违背时势。大抵基础社会的进路有二:一为社会的衰灭,二为社会的变形。现时的国家与家庭,概由基础社会变形为利益社会;当更于下文论述。

上文所述为基础社会进动的方向。至派生社会,本由基础社会派演而生;依结合定量的法则,派生社会发生后,基础社会的结合力必被其分润而减少。又依基础社会减耗的法则,派生社会必益益增长无疑。然则派生社会的进动方向如何?殊有研究的价值。社会学者更从种种方向考察而得下列的三个法则:一为派生社会分散的法则,二为社会错综的法则,三为利益社会化的法则。所谓派生社会的分散,就是纽带的分散,与原始社会分散为地缘、血缘等纽带相同。同类社会,其同类的纽带愈分而愈细;目的社会,其目的的纽带愈分而愈专。例如同一医学有种种的专门,同一社会主义有种种的分派。但纽带的范围虽愈狭,而结合的范围则愈广。网罗全世界的同志,为一社会的成员,无国家人种的区别。社会的内包虽缩小,而社会的外延却扩大。人类的结社范围,脱去地缘、血缘等不合理的束缚,这就是人类社会生活的合理化。又所谓社会的错综,就是一个社会结合多数的个人,一个个人参加多数的社会,复杂交叉。正如市场中有多数的店铺和多数的顾客,一个店铺吸收若干顾客,一个顾客又向若干店铺中光顾。派生社会愈发达,则错综的程度愈甚;或且以社会错综的程度,为文化程度的标准。至"利益社会"乃对"牺牲社会"而言。前言一切社会,皆可认为由利益的纽带而成立;所谓利益,就是社会内各个人的利益。以社会内各个人的利益为社会的利益,这样的社会,就是利益社会。原来社会的利益,就大体上言,即为社会内各个人的利益;然二者究不能一致。例如国家的富强,虽常与国民的利益随伴,然有时政府拥巨大的军队,营杂多的事业,国威扬于全球,而国民益增其担负;货物输出于世界的市场,而国民反减衣缩食,有米珠薪桂之忧。又如家资之厚,门第之高,虽为家人的利益,然因积贮金资,励行节啬与刻苦;或因维持体面,造成虚伪与拘忌;以致家庭中发生种种苦恼者,亦为吾人所习见。可知社会的利益与社会内各个人的利益,有时或相反。

因而个人与社会的关系,常有反对的两种型式:其一,以个人的利益为目的,社会为个人达其目的的手段。即全体为部分而存在,以部分决定全体,不以全体决定部分。个人各为自己的利益而结合社会,社会仅吸收其人格中一定的部分;其个人的全人格,不没于社会之中，而立于社会之外。个人的加入社会，以个人自己的志愿为限，且可依条件脱离社会。如此型式的社会，即称为利益社会。其二，以社会的利益为目的，社会内的各个人，不过为社会达其目的的手段。即部分为全体而存在，以全体决定部分，不以部分决定全体。其社会先个人而成立；个人生于社会之中，生出之后，必然为社会的成员，不许脱离或不能轻易脱离。社会吸收其全人格的大部分；社会可由其自己的目的，要求个人牺牲其自己的利益。如此型式的社会，称为牺牲社会。此牺牲社会与利益社会，原不过抽象的形式。现实的社会，大都介在此二极端的中间。而社会的进动，大概由牺牲社会的一极，渐次移向利益社会的一极。

古代的基础社会，含牺牲社会的性质较多，现时已渐渐变形为利益社会。把现时国家及家庭与古代的国家及家庭相比较，则利益社会化的趋势已极为明显。古代的国家，往往因野心家的争夺霸权，牺牲国民的生命财产而不恤；今日文明国家的政府，殆无不以国民的福利为前提。古代的家族，礼法严重，务使其子弟确遵家教，竭力服劳，且禁蓄私财；现时的家庭，则仅为夫妇子女共同娱乐的场所。而宗祠义庄等组织，经过时代以后，已无复有敬宗收族的意义，仅视为一种共有的产业各各沾丐其利益。此均为基础社会的利益社会化的明证。至派生社会的进动，亦不出此途。文化未启的社会内，派生社会的成立困难；文化稍进，始有仅少的派生社会，如宗教团体、职业团体及武士侠客等秘密的结社，概带牺牲社会的性质。

因其时纽带的分散未著,人数较少,社会的结合较强,其带牺牲社会的性质,为势所必至。这纽带渐次分散,同类社会中成员的类似,仅为一方面的而非多方面的;目的社会的机能,益局限于生活的一小部分;成员的人数又增大,相互的亲和益薄,结合的强度大减。于是社会的关系,专以个人的利害观念相接,而为利益社会化。现在的股份公司、学会、娱乐团体等,均为全然利益化的社会;其他社会,由其团体的性质,利益化的程度,著有差异。但不论其差异如何,早晚皆向利益化的过程急转直下,与群流入海无异。

三、社会的文化

人类社会生活的结果,一方使自然界几分变形,一方则人类的体格、身长、容貌、疾病等生理的方面,亦显著变化;而其特殊的生产物,则为文化(Culture)。文化是由人类的劳作而产出的总体——劳作就是一切有意志的活动,其中和经济的生产有关系的,称为劳动——凡不待人类的活动而存在的,如原始人的土窟,以及非劳作的产出,如由人类的本能活动而年年增殖的人口等,当然不属于文化范围以内。但学者对于文化的定义,范围广狭不同。狭义的文化,专指科学、艺术、道德等有完成人格的价值者而言。其与人格的向上完成无直接关系的,如经济、政治、法律、技术等,则称为文明(Civilization),置于文化范围以外(文化和文明的区别,在西洋尚多异义,兹不具述)。此等文化的范围问题,实际上不过是文化的种类问题。文化为劳作产出的总体，其构成总体的各部分，称为“文化内容”。文化内容随文化的发达而日益繁复。吾人欲就此繁复的文化内容为种类的概别，须先明文化和社会现象的关系。在社会中日常现出的事象，无非社会内既存文化的表现。就显现的言，则为社会现象；就积贮的言，则为文化。文化和社会现象的关系，殆与物理上能和力的关系相同。

所以社会现象，从一方面观察，即为社会文化。社会现象的种类，就是文化的种类。社会现象的种类，大别为三：一为基础的或经济的社会现象，即人类对于物的外围改造或适应的现象；二为组织的社会现象，即人类间形成一定的关系，如政治、法律，为其中重要的现象，社会结合现象，亦属于此类；三为精神的或理想的社会现象，即科学、艺术、道德等，所以实现真美善的理想。这三种社会现象，与前述的社会机能，即经济的、统制的、文化的三种机能相当。生物的现象，如生长、生殖等，皆由生物体内一定的机官，营相当的机能而生；社会现象，亦由社会内营相当机能而生。这三种现象间的因果关系，学者间有种种的见解。

以精神的文化为主的，即以经济现象、组织现象置于文化范围以外，否则亦置于轻末的地位（我国学者多抱此见解）；但也有把经济现象置于主重地位的，这种见解称为“唯物史观”或“经济史观”。其大旨谓“种种社会现象的变动，即历史过程中，最根本的变动，即对于他变动有决定势力的变动，实为经济”。即认历史的大体方向因经济的变动而转移；经济现象为社会的下层建造，组织的精神的二种现象，为社会的上层建造；经济现象变动时，余二种现象生相对应的变动，即一定的经济关系成立后，因之生一定的政治、法律、文艺、道德等。这种经济史观，在现时颇占势力。往时的史家，以思想(或学问)为社会变动的主因，为历史的中心，这种见解，称为"思想中心史观"。这史观在当时颇能支配人心；经济史观，实为对于这史观的反动。社会诸现象间常不绝的起相互作用；社会历史的变动，常受种种方面的影响。即社会现象以外，如物理的外围，生理的事情，偶有变动，也可以使历史上蒙其影响。

文化既为社会的生产物，则人类自为社会生活以来，即产生相当的文化。但现代社会的文化，决非原始社会的文化所可比拟。可见文化是逐渐发达的。文化的发达，就是文化内容增加的意思。文化内容的增加，可分质和量两方面考察：质的增加，就是未有的内容，从新产出；量的增加，就是既存的内容，支持的或享受的人数增多。如思想家以新思想变更社会的制度信仰，发明家改良劳力的机械，供给新事物于社会；其他由对于社会罪恶的反感，起感情的革命，主张解放奴隶，增进妇女地位，扩张人民自由，改善劳动者的生活，这都是质的增加中最显著的。至量的增加，则由于学习或模仿，美国人鲍尔文(Baldwin，1861～)氏称前者为特殊化，后者为普遍化；前者出于个人的活动，后者由于团体的活动；前者拟于生物的变异，后者比诸生物的遗传。论社会真实的进步，不以个人的特殊化为标准，当依社会的普遍化而测定。征之生物，虽如何显著的变异，非经过自然淘汰，使其种属全体增高其体制，则于生物的进步上殆无何等意义。

社会中虽有天才与伟人，若其特殊的产物，未至于普遍化，则于社会的进步亦无关系。所以社会生活的价值，当就其所普遍化的加以估定。如制度、风俗、习惯、仪式等，均为最好的资料。若仅以个人所特殊化的，测定社会的文化，往往陷于误解而不合事实。惟论进步的源泉，则质的增加，自较量的增加尤为重要。所以天才与伟人，特受社会的崇拜。但人类究非创造者，所谓特殊化，仍不能不以普遍化为基础。天才与伟人，不可不具有普遍的学识，即由于此。且其特殊的状态，不可与寻常的状态距离太远，否则将目为狂人或罪犯，为社会所不容。至特殊化的作用，亦不仅限于天才与伟人，即平凡者亦具此作用。无论何人，对于社会的事物，概经内部的选择，同化其一部分，除去其余一部分。彼依自己的个性，在社会事物的基础上，不绝的弃取，以行其特殊化。天才伟人与平凡者，其作用固无差别。惟天才与伟人，因决定自己特殊的价值，努力活动，且往往要求社会的普遍化而致力于社会运动；其成就天才与伟人，实在经过几分的普遍化，社会上已承认其价值之后。否则湮灭不彰，结果与平凡者无异。大抵文化上新内容的发生，往往非个人所能成就。一器物的创作，一学说的成立，考诸历史，往往有若干人倡导于前，若干人踵接于后。所谓天才伟人，不过此若干个人中的一个代表；

且社会上有许多风俗、制度、技艺、方术,沿习已久,并其创始的代表人亦无可稽考,遂认为社会上共同的产物。

所以文化内容的增加,从社会上观察,为个人特殊化的产物;从文化自身上观察,不过为既存文化内容的结合。惟结合的活动,属于个人:一定的结合,常依赖于一定的个性。社会学者以为社会内文化的增加与人口的增加,情形颇相类似。人口的增加,为既存人口结合的结果;文化内容因结合而繁殖,亦复相同。且人口的增加,一方面新的不绝滋生,一方面旧的不绝死灭;文化的内容,亦有新陈代谢的现象。当新内容成立,可以替代旧内容时,旧内容即归废弃。此现象关于理智的方面,最为显著;关于情意的方面,殆没有这个现象。旧内容退去时,仅为睡眠状态;应环境的需要,仍能醒觉而活动。关于此点,在人口上殊无此著例。又人口的孳生,于血缘过近的,不能产生优秀的子孙;种类的差异过大时,亦无繁殖的可能。惟在和适当的程度内异质的接合,则于种族的发展上最为有利。就文化言,情形亦复类似。内容相异的两文化结合,常发生优秀的文化;但两文化的程度高低不能相差过甚,如希伯来文化和希腊文化结合,产生西洋近代的文化,这是历史上已经证明的。东洋文化和西洋文化结合,产生未来的新文化,亦为吾人所希望。至其他民族与东西洋文化的程度相差较甚的,由结合而产出新文化的可能性殊缺;与高等文化接触后,其固有的劣等文化渐渐地被淘汰罢了。

人口的增加,不能不受生存资料的限制;有时因生存资料的不给,起停滞或衰灭的现象。文化内容的增加,行于一定限制之下,其情形亦复相同。原来文化内容的增加,不能不依赖于个人的和团体的活动,这活动的动机为向前发展;而社会中一般的个人,具这倾向的很少,宁持反对倾向的为多。现在文明社会中的各个人,追求新事物,有向进步的倾向,固属事实。然在原始社会中,各人的性质,均极保守的;一切变化的事物,皆所嫌忌。既得相当的生活后,惟愿休息与安逸,活动力甚微。进取的意志,在彼等的心意中,常为睡眠的状态。这并非和人种或地理上有若何关系,就是今日最进步的西洋社会,追溯其过去的历史,亦无不具保守的倾向;其不绝的活动与前进,尚属近代之事。总之,人类的富有保守性,夙为社会学者所认知。此保守性能使社会的变迁不致过于剧烈;固有的文化,实赖以保持。然足以阻碍新文化的增殖,使社会起停滞的状态。新文化的增殖既受阻碍,而旧文化的衰退又势所难免。绚烂一时的文化,经过若干年月后,色彩全非,精神已失,成为社会的化石。于是保守主义一变而为固陋主义,社会遂陷于坠落的境遇。此证之我国秦汉以来二千余年的状况,及欧洲中世纪黑暗时代的历史,则社会退化的事实,殆不容疑。

然则文化的发达,固以何者为原因呢?换一句说,即社会的文化,须在如何状况之下,方能发达呢?这就是社会学者所亟欲解答的问题。前言内容相异的两文化结合常发生优秀的新文化,则文化相异的两社会接触混合,当然为文化发达的一种条件。但这接触混合的两社会,不可不已有相当的文化。所以这种条件不能认为是文化发达的根本原因。向来进化论者,以为生物的进化由于生存竞争,又以生物进化的原理应用于社会;近时社会学者,亦大都承认。且以为文化内容的增加和人口的增加,有互为因果的关系。原来文化为人类劳作的产物;而人类劳作的目的,无非为个体及种族的生活。文化的价值,即以生活的繁荣稳固为标准。一社会的文化,既达某程度,足以维持其繁荣稳固的生活时,则其人口必不绝的增加。是以文化的增殖为因,以人口的增殖为果。但人口的密度,达于某定量以后,社会的生活渐感困难,非有更高的智德以发展其生活,则势将不能维持其生存。于是生存竞争渐渐剧烈,一部分生活尚感宽裕的,当然讴歌固有的文化,努力保持,且踵事增华以表示其优越的地位。一部分生活困难的,当然感固有文化的缺陷,批评指摘,希望革新;或且厌恶固有文化的压迫,施种种破坏的手段。此时社会内各个人的心意,因交涉摩擦的结果,差异渐大。这心意的差异,起种种的特殊化,实为文化发达的征兆,亦即社会变动的原因。

我国历史,当承平日久,衰乱将作的时候,往往有几个著名哲学家、文学家,政治家、军事家出现;忠义激烈之士、豪侠放任之徒以及特立独行、隐居避世之流,更所在多有。如春秋、战国时代以及汉、唐、宋、明的末造,在我国文化史上均为重要时期。这时社会既起了变动,若依正常的发达,则变动的结果,当然形成新文化,以容纳更多的人口。是以人口的增殖为因,以文化的增殖为果。但有时社会不依正常的发达,经剧烈的变动以后,文化的革新很为微少;大体上却灭杀多数的人口,以回复固有的文化。就社会言,则前者为进步,后者为停滞或堕落;就文化发达的方式言,则前者为上升的方式,后者为复归的方式。实际上文化的发达,绝不是依单一方式的,概为上升和复归的两方式互相结合的。若结合停匀,则一方上升,一方复归,便成螺旋方式。社会学家常谓"文化发达成螺旋方式",即由于此。

但这不过就大体上说,文化发达的步骤,很不齐一。有时上升较多,复归较少,即可认为上升方式;若上升较少,复归较多,即可认为复归方式。如西洋十八世纪以来的文化,大致是依上升方式的;我国自秦汉以来二千年间的文化,大致是依复归方式的。文化发达的原因,既在人口的增加,何以同一原因而发达的方式不同如是?社会学者对于这问题解释大略如下:

现时社会学者,把文化发达方式的不同,推原于文化性质的区别。精神的文化,关于真的方面,以理智为中心的,由新陈代谢的结果,常依上升方式进行。关于美善的方面,以情意为中心的,没有新陈代谢的现象,常成复归的方式。这见解,很有研究的价值。

我们人类,由原人或幼儿时代非理智非道德的生活,进化为现代成人的理智和道德的生活。就智性方面考察,则由感觉、知觉等感性方面,向构想、思想等理性方面进行;情意方面考察,则由自利及憎恶等反社会的方面,向利他及友爱等社会的方面进行。所谓文化上升,实以理智和社会情意的上升为要素。这上升的原因,就生得性言,则由于淘汰。即智德程度较高的,在生存竞争上当然获得优胜地位,留遗子孙;智能低下或品性不良的,受自然或人为的惩罚,渐被淘汰。就习得性言,则起于环境与经验,由经验的结果,凡理智较敏、社会情意较强的,个人及种类的生存上,均为有利;所以学习、教育、修养、训练的目的,无非在开发理智,抑制其反社会的情意,保持其社会的情意。照这样说,不但理智是上升的,就是情意也是上升的。不过理智的上升,其地位较为确实。上智的禀质,除受病毒的侵害外,不至降为下愚;获得的智识,除偶然遗忘以外,概积贮于个人或社会的心意中,且为将来获得新智识的基础。现时物质科学、社会科学,较之百十年前均已进步,这并非现代人的智能胜于前人,乃从前人已获得的知识上,更加努力,其成绩乃超出古人以上。至社会情意的上升,则殊不确实;因环境的变迁,容易发生反对的倾向,成复归的方式。试观现代文明国民,其心意中仍含有野蛮的性质,受环境的刺激,偶然发作,其狞恶几与野兽无异;可见情意的生得性是不确实的。至于借修养训练,以保持一方面的情意,抑制反对方面的情意,这保持和抑制的努力,偶然弛缓,即为环境所牵制,所保持的随即亡失;久被抑制的情意,忽大逞其势力。孔子所谓"操则存舍则亡",朱熹所谓"一日看除目三年损道心",都是表明情意的不易制驭。可见情意的习得性,也不很确实的。

西洋十八世纪以来,文化的上升,概属理智的方面,尤其对于物质的成果，使人类生活的资料增加，可以容纳更多的人口；这种效果，决非仅仅努力于精神的事物者所能几及。冯德氏谓“通观人类的历史，凡努力于物质方面的，概有利有效；其不然的，虽耗费精力，所获结果，不过阶级制度、压制政治与隐遁生活。印度即为最好的适例”。此种唯物派的论调，吾人不能不认为事实。又精神方面，亦赖理智的进步，使个人生活与种类生活，互相调和（在原人时代，社会情意的表现范围极狭，范围以外概视为仇敌，取争斗的态度。人智渐进，始知欲谋自己的福利时，不可不顾全他人的福利；更进而知自己若能辅助他人，与以福利时，他人亦将辅助自己而与以福利），以交换的协助，代相互的争斗。所以情意的上升，实赖理智的导引。鲍特文氏谓“社会进步的本质，在智性内容的思想。智性的发达，又促道德感情的发达，使社会向于伦理统一的目标”。盖理智明确，则情意自然受范。西洋近世纪的文化，实以理智的开发为主。

我国数千年来理智的进步极少，惟努力于情意的陶冶，养成和平恬静的民族性，此种文化，于人类的生活上原有很高的价值。无如人口增殖的结果，其和平恬静的情意，常为生活困难的环境所压迫；至压迫已甚时，不能不骤起反抗，向反社会的方向进行，以灭杀其过剩的人口。所以一治一乱，几成历史上的通例。近来因外国工商业的压迫，生活愈感困难。输入的西洋文化，于物质方面落伍已久，不能遽获成效，以纾目前的危难；而精神方面，则因固有的理智被其破坏，不足以制驭情意，放恣益甚。遂倒转方向，向反社会方面进行，以至破坏始于家庭，战争遍于全国，恶感蔓延于各阶级间。不但文化的堕落可忧，恐社会亦将因此而崩坏。处此时势，欲谋救济的方法，惟有开发理智；于物质上谋生活资料的增加，于精神上求固有文化的充实。这是就我国的现状而言。更就全体社会言，则人类的理智，若仅仅努力于物质的方面，而于陶冶情意的方面不加努力，则财富适为战争的媒介，科学反为杀人的工具。欧战的惨酷，可为殷鉴。至于因人口增殖而起的生存竞争，不但努力于精神方面的，没有消弭的方法；即努力于物质方面的，亦终必穷于应付。盖人类的理智，虽可以无限上升；而自然界的资料，足以供给吾人生活上的需要者，究有限量。马尔萨斯《人口论》中所谓“人口常有食粮以上增加的倾向”，吾人不能不认为事实。此重大的社会问题，不论物质科学上或精神科学上均没有解决的方法。一部分的社会学者，欲以节制生殖，解决此广大的问题。但在人类的智德尚未完成以前，贸然提倡此种违反自然的方法，恐适足以招文化的堕落，致社会的衰残，吾人殊不能遽与以赞成云。

四、社会问题与社会主义

何谓社会问题？乃社会进化的过程中所现重大的事象。有不合于吾人理性的，吾人由理性上要求其合理化；因而发生如何使其合理的问题，以考求其解答的方法。其中主要的问题，即为“人口问题”。盖人口的增殖，若超过食粮以上，则人类的一部分，必致失其生活;此事象即大不合于吾人理性的。他如“妇女问题”、“军备问题”、“人种问题”等,皆属现代的社会问题,其范围殊为广漠。但经济学上所谓社会问题,乃广义的社会问题中的一个问题,即所谓“劳动问题”。这劳动问题,在现代工商业国家的种种社会问题中,占重要的地位,其关系且遍及于世界各国。所以现代所谓社会问题,就是专指劳动问题。

这问题因何发生呢?原来经济的生产,以土地、资本、劳力三者为要素。当古代人口尚未稠密时,各人得占有相当的土地,备少许的资本(如农具、肥料、庐舍及劳力所需的生活费等),即得使用其劳力,以从事于农业。其经营工商业的,就农业所生产的原料品上,施以相当的劳力,以增长其价值,固无须于土地;即所需的资本,亦决不如今日的巨大。所以古代的人,各得随其劳力的多少,获得生产物以为劳力的酬报。这时的社会,为发达生产、奖励劳动起见,使各人的生产物为各人的所有,且得以其所有传于其子孙。财产私有制度及财产世袭制度,乃因此而确定。其后因人口的增殖,生活竞争的剧烈,在这种世袭的私有财产制度之下,发生种种的阶级:

(1)为“特权阶级”。即凭借武力或其他势力,在社会上获得特殊地位,以攫取农工商业的生产物。如古代的王公贵族等,经过政治革命以后,名义上虽已消灭,但实际上此种势力仍未绝迹于社会。如军阀、官僚、劣绅、土豪等,在我国犹占上层的地位,往往占有巨大的土地和资本。

(2)为“资产阶级”。如地主,为土地的所有者;对于使用其土地的劳动者,收取一部分的生产物,以为租息。又如资本家,为工商业中生产用具及生产机关的所有者,或流动资本的所有者。前者常购入劳动者的努力以获得生产物,后者常贷出其资本于工商业中,以获得利息——此等资本家的一小部分,为增加其资本起见,常营精神的劳动,以发展工商事业,于生产上殊有关系,称为“企业家”;但大部分为不劳而获的。西洋的工商业国家经政治革命以后,这阶级最占势力,居社会的上层;又因机械发明产业革命的结果,资本愈多的获利益厚,所以这阶级的势力也愈大。我国工商事业既没有西洋工商业国家的发达,资本亦没有它们的雄厚,所以资产阶级的势力也没有它们的伟大。

(3)为“中产阶级”,即有较小的土地或资本,借劳力以从事生产,如自作农、小工业、小商人等,在社会上居中等地位。西洋工商业国,因产业革命的结果,小资本的工商业家均为大资本的所压倒;小地主亦渐渐为大地主所兼并,失其耕地;中等阶级澌灭殆尽,降入下层阶级中。现在的中产阶级,乃产业革命以后仅得残存的,尚时时受资本主义的压迫,而倾向于保守。至我国的中产阶级,则受西洋资本主义的影响,因机制品的输入,手工业大部分消灭,小商业的大部分亦成为外国制品的贩卖者。惟农业尚能维持旧状,除闽、浙、湘、粤四省以外,自作农尚多于赁作农;全国统计,自作农尚占百分之五十①。

(4)为“无产阶级”,既无土地,亦无资本,仅借劳力以从事生活。如赁作农、劳工及工商业使用人等,大都售出劳力以获取工资,为佣赁的劳动者;在社会居下层地位,人数较多,生活较难。其有劳动的能力与志愿,现无劳动地位的,为失业的劳动者,生活尤为危险。此等“劳动阶级”在西洋工商业国中,有巨大的团结,与资产阶级对立,屡起同盟罢工,反抗资本主义,以求地位的增进与生活的改善。至怠惰浮浪,不愿劳动,或不营正当劳动的,在社会上本无要求生活的权利;但事实上彼等不能不要求相当的生活。吾国现时因教育不普及,社会秩序不安定之故,此等游民所在多有。所以西洋各国的社会问题,为劳动问题;而我国的社会问题中,游民的生活问题,实较劳动问题尤为重要。

现代的社会内,因经济上的关系,发生种种阶级,遂酿成种种弊害。其显而易见的:

(1)为生活资料的浪费。即特权阶级与资产阶级既无须劳力,可以获得巨大的生产物;遂为过度的享用,尤其在现代物质文明的趋势中,穷奢极侈,惟意所欲。此等奢侈生活,虽亦有奖励生产的效益,然自然界中,可以供给人类生活的资料有限,盈于此必绌于彼;

①参考顾复著《农村社会学》(商务印书馆出版)。

下层社会的生活，因此遂愈感困难。“朱门酒肉臭，路有冻死骨”①，凡具有理性的人们，没有不抱此等感叹的。

（2）为犯罪的增加。下层社会因生活困难，及智德程度较低，犯罪的增加，固无待言。即上层社会，亦因纵恣与贪欲之故，道德日益堕落；且凭借势力，益复肆行无忌；其犯罪的行为，亦因此增进。总之，社会内贫富的悬隔愈甚，则欺诈、窃盗、伤害的罪恶愈炽，警察、监狱等费用愈大，而社会所受的损失亦愈多。

（3）为生产的不经济。在资本主义下的生产物，概为商品；其生产目的，仅以在市场获得顾主为主。因而表面的装潢，广告的传达，繁盛地点的占定，店头窗饰的铺张：一切消耗的价值，占商品价值的大部分。生产物的价值因此增高，而对于生活上的效益则反低减，甚至欺蒙赝造，于生活上发生危害。

（4）为商品的生产过剩和恐慌。大凡机械制作，对于同一制式的商品，出产愈多，成本愈低，获利愈大。所以近世工场，概以巨大的资本，备多数新式的机械，为大规模的制作，能在短小的期间，产生多量的商品。因而生产常超过于需要，商品遂不免积滞。又因机械的设备已抛巨额的资本，若停止工作，损失太巨，不得不勉强维持。同种的商品，遂愈积愈多，即成生产过剩的现象。且因市场的需要不能预定，当需要偶然旺盛时，各工厂互相竞争，扩大其生产

①杜甫诗句。

力，使生产的商品多多益善；迨需要低减或竟歇绝，此过剩的商品和扩大的设备均等于废弃，使社会上负莫大的损失。此时资本家大半破产，劳动者多数失业，经济的恐慌即因此而起。

（5）为资本的集中和劳动者的贫困。在资本制度下的工商事业，各以资本互相竞争，大公司、大商店、大工场的兴起，使小公司、小商场渐归消灭；其结果使社会内的财产逐渐归并于少数人的手中。例如美国财产的71%为9%的国民所有，其余91%的国民仅有29%的财产；英国国民的90%仅有财产总额的8%，其余10%的国民有92%的财产，最富的以2%的人口占67%以上的财产。资产阶级人数的减少，中产阶级的逐渐消灭，其结果皆加入无产阶级中，希望为佣赁的劳动以生活，成所谓“产业的预备军”；但工商业的资本愈伟大，则机械的设备愈完全，劳力的需要愈减少；此时要求劳动的人数愈多，供过于求，工资自然低落，劳动者乃陷于极端贫困的境遇，对于资产阶级怨讟繁滋；组织劳动团体，同盟罢工，不惜破坏生产以与资产阶级对抗，演成阶级争斗的惨剧。

（6）为经济的侵略和战争。产业革命以后，生产过剩的商品，演成经济的恐慌；于是工商业国家，为维持资本、救济失业起见，不得不寻觅市场，以销行其商品于世界。工商业未开发的国家及民族乃受其侵略；以军事、外交的方法，在政治上、经济上获得种种的权利，以垄断其工商事业。此等国家遂被其破坏，成为彼等的殖民地或半殖民地；其民族受其压迫，一切生产事业均被其攘夺，陷于贫困与扰乱。世界内的国家与民族,大半为此帝国主义所蹂躏,致灭亡的惨痛;而帝国主义的国家间,又以竞争市场的缘故,起剧烈的争斗。由关税竞争进而为军备竞争,以军事为商业的后盾;其榨取于殖民地及半殖民地的资金,悉数投入于军备中,双方的资本家与劳动者,均疲敝而毫无所获,乃为收拾此等局势之故,不得不出于一战。武装和平破裂以后,资本家既悉索敝赋以担负军事上的费用;数千万的劳动者,乃抛掷其生命于狂烈的炮火中,演成世界空前的惨剧。

以上所述,均为现时资本制度的社会中所必至的弊害;所谓社会问题,就是如何改变现在的制度,以免除此等弊害的问题。

对于上述的社会问题与以答解的方法,其主要的可分为三种:(1)为个人主义;(2)为社会主义;(3)为社会改良主义。"个人主义"(Individualism)由个人绝对自由的理想,对于现代的社会制度,主张放任,不加干涉。法人鲍留(Leroy -Beaulieu,1843 ~ 1916)氏谓"社会问题非人为的所能解决,须俟自由与时间"。这就是个人主义者对于社会问题所表示的态度。经济上个人主义的先驱者为法国费西阿克兰学派(Phyiocrates),此派学者谓"社会内各人的不平等,由于人类生得肉体的、精神的差异,无可如何。若由国家干涉以排除此不平等,乃违反自然,有百弊而无一利,国家的机能,以保护个人生命财产为止;自由竞争的促进,为最良的产业政策"。此派学者,原为反对当时贵族、僧侣干涉市民的产业而起。祖述此派的学说,集其大成的为著《国富论》的英人亚当 · 斯密(Adam Smith,1723 ~

1790）,其大旨谓“国家当努力以促进个人的自由竞争,其任务在自由的维持。若对于个人的事业加以监督及指导,以迎合社会的利益,是无益的。凡个人为对于其自己利益的最能通晓者。利害的考量,一切可放任于个人。个人从其所好而行动时,则依自然法的支配,早晚必就最良的途径,得最健全的发达。社会的利益,不过个人利益的综合。个人发达的结果,社会也当然发达的”。斯密氏殁后,其学说支配西欧的经济学界,称为“正统学派”。此派的末流,以个人主义的经济观为万世不易的大原则,应用于现代的社会问题。对于工场法,对于职工组合等,均以侵害个人的自由,力持反对;极力为企业家利己活动的辩护,不顾劳工的惨状;遂被世人斥为“黑暗非道的科学（Dismal and Inhuman Science）”。实则当时在社会下层的第三阶级（市民）受第一阶级（贵族）、第二阶级（僧侣）的压制,故此派学者鼓吹个人的主义以图挽救。迩来阅年百有五十,当时在社会下层的第三阶级,一跃而升社会的首座,新生的第四阶级（劳动者）,压迫于彼等势力之下。现代的个人主义者,乃墨守其相传的学说,违背其创作的精神,以为资产阶级的庇护;然则误天下后世的,并非亚当·斯密,乃祖述其学说的门徒。关于社会问题主张自由的,其结果常不得自由。盖强者与弱者间的自由,其必终于不自由,是无待言的。

现时所谓社会主义（Socialism）乃对于个人主义而起反动的学说。此学说以人格的平等思想为基础。彼等要求平等,虽彼等亦多要求自由;若二者不可得兼,不得已而去其一,则宁舍自由而取平等。社会主义者所要求的平等,非法律上形式的平等,乃是经济上实质的平等。推原现代经济上所以不平等的原因,乃由生产者与土地及生产用具分离而起。欲要求平等,非将这已经分离的仍使之结合不可。没有土地的农民,使其有可耕的土地与耕作的器具,成一个独立的自作农;工业的劳动者,使其有劳动的工场及器具、原料等,成一独立的工业者;即使各人皆有相当的财产,为适宜的劳动;称为资产分有主义。此主张的有名者,如法人蒲鲁东(Proudhon,1809～1865)氏,彼曾有“所有者盗也”的一语,为世人所知。但彼所反对者为不劳而得的所有,至劳动结果的所有,则为彼所是认。彼反对私有制度的废止,欲各人均有多少的资产。彼以现在的私有,为强者对于弱者的榨取。彼的主张,在回复中世小农业、小工业的状态。其思想影响于法人颇大。所以今日的法国,在文明诸国中,小农业、小工业较多;但此种分有主义,就近世大经营的发达上观察,殆无实行的可能。例如铁路、矿山、造船所等,使为劳动者所分有,使各别的生产者与生产用具结合,实为技术上不可能的。

生产者与生产用具,既不能为个别的结合,则惟有将生产用具不使为个人所有,而为地域团体(国家)或职业团体(劳动组合)所有。主张为国家所有的,为国家社会主义(State Socialism)。这主义的先驱者为法国人圣西门(Saint Simon,1760～1825)氏。祖述而完成其学说者为西门派。主张废止私有财产制度,而为国有财产制度；但生产的分配，不主张绝对平等，而主张比例平等。其伦理法则的第一义，在“各人随其能力以就职业，称其工作以得酬报”。至法人傅立叶(Pourier,1772～1837)氏，亦主张地域团体的社会主义，惟其地域较狭，团体较小，仅于方一英里的土地上，以千八百人至两千人建筑共同家屋，为共同生活；其共同生产物，除维持团员最低限度的生活外，余者依比例分配于资本、劳动及经营者。此等社会主义，仅主张土地、矿山、工场、机械等生产用具的共有，而承认消费财可以私有的，皆可称为“集产主义”(Collectivism)；若把消费财的私有也全然废止，共同生产，共同消费，全无彼我的区域时，称为“共产主义”(Communism)。通常也称社会主义，乃社会主义的狭义。其中派别很多，如希腊时代柏拉图氏所著的《理想国》，英人多马斯莫亚(Thomas Moore)氏所著的《乌托邦》，及法人凯白(Cabot,1788～1856)氏所著的《依加利亚旅行记》(Voyoge en Jearie)等，都是依共产主义的理想，描写新社会的状况。现时称这一类空想的集产主义和共产主义，为理论的社会主义。

至德人马克思(Marx,Karl,1818～1883)氏著《资本论》，始把社会主义的理论，与以科学的基础，因此世人称“马克思主义”为“科学的社会主义”。此主义以唯物史观为基础，谓“社会的制度和社会的生产力，有密切的关系；新生产力获得，生产方法改变时，一切社会制度也被更变”。其友恩格斯(Engels)氏，谓“今日的社会组织，乃现代霸者的市民阶级所建设，以适合于市民阶级利益的生产形态即资本主义的生产形态为基础。此生产形态,其初由反抗中世特权制度的产业组织而发生;市民阶级实打破封建制度,构成'资本主义的社会组织'于其残骸之上,实现自由竞争的天下……然在资本主义的经济组织下急激发达的生产力,渐至与资本主义的生产关系内固有的界限相抵触,因而今日的生产力,乃打破今日的生产关系,实现社会主义的经济组织。此生产力与生产方法间的矛盾抵触,决非人类思想的产物,乃现实的事实与人的意志并行,为相离而独立的客观的存在。所谓社会主义,无非此现实的大矛盾,反射于人类的思想;而最切实受此反射的,就是在这矛盾下受苦最大的劳动阶级"。这都是说明社会主义和"唯物史观"的关系,至现代社会的矛盾,和这矛盾何以驱资本主义的社会,使发达为社会主义的社会?则详于马克思氏的《资本论》中,而以"剩余价值论"及"资本主义破灭论"为主要。

原来商品的价值,本以生产这商品的劳动量为标准。所谓劳动量,乃以具普通体力和熟练的人,借时代中机械技术的帮助,生产这商品所需的劳动时间而定劳动者所生产的劳动量,若适等于劳动者自身及其家族的生活资料内所需要的劳动量,则劳动量的生产和耗费平均,无所余剩。但机械愈发达,生产力愈强大,则生产的劳动量超过于劳动者所耗费的劳动量愈大。就现时美国的生产力而论,一人每日只需劳动二小时即可产出其本身及家族的生活费。设一人每日劳动 n 小时,可以产出其本身及家族的生活费。今乃每日劳动

n + m 小时,则此 m 时间内生产的劳动量,称为“剩余价值”。资本家购入劳动者的劳力,使其产出 n + m 的劳动量,而给予其本身及家族的生活费即 n 的劳动量,以为佣资,其余剩的价值,悉为资本家所得。资本家的资本,因此愈积愈厚;益益改良其生产方法,因技术的进步、分业的完备,机械的改良与扩大,使生活所需的劳动量益益低减,剩余价值益益增大。资本家的利润愈厚,而劳动者因人口的增殖,求得佣资劳动的人愈多,佣资的增加殊难;且因机械的进步,使用劳力愈少,劳动的地位益益不安。这种状态就是马克思氏所谓“对于资本家的资本蓄积而生的劳动者的贫困蓄积”。劳动者既生产 n + m 的劳动量,而耗费 n 的劳动量,则所余 m 的劳动量所形成的商品,虽为资本家所有,然大部分停积于市场,以求顾主。贫困的劳动者为购买力所限,无从染指。彼等以廉价多卖的手段,极力扩充市场;但市场的需要自有限度,到底对于无限生产的商品,欲永久维持其足酬原费的购买力,为势所不能。于是资本主义的社会,为其经济组织中固有的矛盾,而叠起恐慌的结果。中小的资本家破灭,使无产的群体增大。迨资本主义的矛盾已达极端,一方仅少数的资本家,一方为无数贫困与饥饿的劳动者,社会的不安已有不可终日之势。加之经济界屡次恐慌,企业家的无能已尽情暴露,证明其不适于社会内大生产的管理。同时大企业内僚属制度的发达,证明由佣赁的使用人料理社会经济,为事实所可能,无须烦企业家之手。事至于此,国家不得不将生产机关收为社会所共有,以解决生产关系的矛盾。资本主义于是破灭，无产阶级无抵触、无争斗的社会主义的社会于是出现。

以上为马克思主义的大要。马克思氏以前种种社会主义的派别，自此全归注于马克思主义的大潮流中。所谓社会主义，仿佛就是指马克思主义而言。但马克思主义汇合各派以后，其自身却又生出种种派别来。最先分出的为修正派马克思主义，其次为工团社会主义和业团（Guild，基尔特）社会主义。

"修正派社会主义"（Revisionism）起于德国。在马克思时代，德人拉萨尔（Lassalle，1825～1864）反对德意志的帝国主义，欲以民主主义谋社会的改革，创立德国劳动协会，期普通平等直接选举法的实现；为德国民主社会党的嚆矢。其后民主社会党采用马克思主义，以劳资的争斗，势不得不成为一种政治的争斗，非劳动阶级掌握政权，则社会主义不能实现，其时党内的理论家颇注力于马克思氏和恩格斯氏言论的解说。党员中久著劳绩的勃林斯坦（Bernsteim）氏，为完成马克思学说起见，提出修正主义。此主义的要点，在以民主主义增进民众的政治势力，以立法手段使社会主义实现。马克思主义虽主张暴力革命，但同时亦屡次说明在某种情事下，和平手段未尝无效。恩格斯氏则更进一步，谓"旧式的叛乱，即以堡垒为最后决定的市街战，是时势中最落后的"。又谓"奇袭的时代，即由少数的自觉者立于多数无自觉的民众前头而行革命的时代，已经过去"。自勃林斯坦氏提出修正主义后，修正派的是非问题，即社会主义的革命非革命问题，大起党内的疑议。德国南部的社会党，其领袖者本提倡社会改良主义的意见，遂以勃林斯坦氏的述作为此派理论的基础；而全国多数党员，犹非难修正主义，于1901至1903年大会时，为反对的议决。迨1905年俄罗斯起革命，民主社会党的左翼，概倾于无政府主义及革命的工团主义，中央派乃与修正主义接近。大战经过后，此社会民主党在议会仍占优势。

“工团主义”(Syndicalisme)则起于法国。自马克思主义输入法国后，信奉此主义者，组织一劳动党，但因法国国民中营小农业、小工业的较多，马克思的社会主义于中小经营被大经营压倒灭亡后，方能实现；其不为中小经营者所欢迎，固属当然之事。劳动党为联络独立农民起见，定农业纲领，为自作小农谋境遇的安固。不慊于此等主义政纲的党员，遂脱党独立。至十九世纪末年，法国社会党已分裂为六派。1905年重复并合，称合同社会党；表面虽标榜革命及阶级争斗，实际上已近于社会改良主义，在议会上占有相当的势力。法国一部分的劳动者，对于社会主义的软化倾向殊不满意，以为“社会党员从事于议会运动，欲招集多数的投票，则对于选举人不得不让步；欲在议院内占有势力，则对他党不得不妥协。于是社会党的纲领，不得不有所迁就。且从事于议会运动的，概非劳动者自身，至另行发生社会主义的政客。此等政客，既不与劳动者接触，又不理解劳动者的情感与其欲求；使腐化的社会主义再得生命，则劳动者不可不弃政党而自行团结”。工团即由此发生。其团员概为佣资劳动者,其主义在以工团自身的实力,贯彻其要求,而不依赖议会立法的迂迴途径。其唯一的武器,为“同盟罢工”及“作业阻碍”(Sabotage)等直接行动。所以工团主义属于革命的社会主义,其理想的新社会,没有政治的国家存在。以谓“生产机关若收归国家,则其结果仅以官僚派代资本家管理生产,劳动者仍终身为赁银的劳动生活”。故其唯一的政治形式,是由劳动者直任产业的管理。现时抱过激思想的劳动团体,如俄国的“多数派”(Bolsheviki,鲍尔希维派即列宁派)、美国的“世界产业劳动团”(I. W. W. = The Industrial Workers of the World)都是受工团主义的影响。英国的“业团社会主义”即“基尔特社会主义”(Guild Socialism)亦颇与工团主义相类。英国在中世纪中已有“业团”(Guild),为同业者结合的团体,无雇主佣工的区别。十八世纪以后,工业发达,遂变为工人所组织的业团,称“职业同盟”(Trade Unions),其目的在维持工资并防止工作时间的过长;其组织仅以同一职业中的工人为限,与工团主义本不相同。

近二三十年间,社会主义者乃欲把中世纪的业团观念,应用于近代工业制度中,使各种产业各由其业团管理,联合各业团以管理全国的生产——其主张以生产机关归职业团体管理,与工团主义相同。但工团主义于经济事务以外的政治事务,亦主张由工团办理;业团社会主义对于政治事务,仍主张归业团以外的机关管理。前者与无政府主义接近,后者则与国家社会主义接近。盖国家社会主义,主张以生产机关为地域团体即国家所有,工团主义主张以生产机关为职业团体即工团所有。而业团社会主义,则介于地域的社会主义和职业的社会主义的中间。马克思主义本为国家社会主义;工团主义及业团社会主义虽由马克思主义推演而来,而主张不同。故世称此等主义为革命的修正派,而称前述的修正主义为和平的修正派。

至"无政府社会主义",虽创始于法国蒲鲁东氏,但是蒲鲁东氏主张资产分有,非共产主义,已述于前。主张无政府共产主义的,为俄国的巴枯宁(Bakunin,1814 ~ 1876)氏及克鲁帕金(Krapotkin,1842 ~ 1921)氏。巴枯宁所著《上帝和国家》,号为无政府主义的圣典;主张人类的自由,无论为人的或神的,为集合的或个人的,都没有受他强制的理由。克鲁帕金承巴枯宁之后,奉行他的主义,被称为"无政府共产主义之父"。其学说中关于经济生活的情形,由成年的人,各拣择所喜欢的工团,由契约加入,担负每天按时工作的业务。社会和团员所结的契约,应当说"我们的住宅、店铺、道路、交通机关、学校、博物馆等,君得以任意使用。我们所求于君的,从二十岁到四十五岁或五十岁,每天需费去四时或五时,从事于生存上所必需的工作。其余时间,一任君所欢喜;或者休养,或者从事于艺术,或者研究科学,或者和志同道合的人协力工作。我们所求于君的,一年间不过一千二百至一千五百小时,在那从事于衣食住的生产或者公众卫生、运输等团体中工作罢了。对于这个工作,我们可以保君享受这些团体里面已成或者未成的一切生产品"。至于财富的分配，自然遵着“各尽所能，各取所需”的格言。社会把所有的生活资料，尽量分配于各人；有余的宜任各人使用，没有多余的，就为有限制的分配，务期得适当的比例；如果某种消费品，因为不足，欲行酌量分配的时候，宜先给予需要最急的，例如山羊乳在不能任各人自由消费的时候，宜先分给病人和乳儿。

总之，共产主义主张平等，而无政府的共产主义则更主张绝对的自由。前者主张生产机关为国家所有，是国家万能主义；后者排斥一切威权和一切政府形式，欲把自由的契约来代行政的统制，是个人万能主义。前者是经济上的革命主义，后者是政治上的革命主义。两者皆欲救济现社会的苦痛，然其结果，则往往以暴烈的手段，破坏现状，致增进社会的苦痛。当初马克思主义者颇排斥无政府的共产主义，然近时各工团社会主义颇与无政府共产主义接近。原来马克思主义虽为国家的社会主义，但非彼等最高的目的；彼等的最高目的，亦在消灭国家，代以一个自由的相互的结社。盖马克思氏以为国家本为一阶级压抑他阶级而设的机关；至劳动者掌握国家后，压抑和被压抑的阶级差别已不存在，则国家存立的理由和基础亦随而丧失。所以国家社会主义和无政府社会主义，实际上仅隔一膜。从来马克思主义者，尤其是修正派马克思主义者，以“无政府共产主义否认国家，与马克思的肯定国家相背戾”。俄国列宁氏则断然否认此说，力言“马克思氏除一时的国家以外，决无肯定国家的意思”；且明言“吾人的目的中，于国家的撤废，与无政府主义者毫无所异”。然则无政府的共产主义,就是马克思主义中终局的主义了。

“社会改良主义”(Social Reform)主张经济上的自由,但不如个人主义者承认绝对的自由;又承认个人的平等,但不如社会主义者主张划一的平等。这主义反对正统学派的个人主义,承认社会主义的根本思想,以现时的社会组织为不完全,且确认其病根所在,采用社会主义的原理为其治疗的方法。由国家的干涉和法律的限制,除去自由契约所生的弊害,救济劳动阶级的惨状,以缓和阶级的争斗。惟不欲覆灭资本主义,废除私有财产,以压抑个人的自由。他们主张现社会的经济制度依旧保存,只防止自由竞争的弊端;不求利己心的全灭,只助公共心的发达。一面图谋个人的充分发展,一面凭借国家的权力,对于现代的社会组织施以适当的改良,渐渐地解决社会问题。即社会改良主义。主张改良而不主张革命,主张资产节制而不主张破坏,这主义起于德意志。最先提倡这主义的,大概是德国各大学的教授。反对他们的新闻记者,称之为“讲坛社会主义”(Katheder Socialism),以为系学者的空论,寓讥笑的意思。其后各国政府多有采纳这主义以定为政策的,称为“社会政策”(Social Policy)。

吾人对于这主义所根据哲学上或科学上的理论,姑置不说;仅就社会政策的纲领,述其大要。社会政策的纲领,大要有二:

第一为产业自由的维持。资本主义的社会组织,以自由竞争为大本。竞争为诱发吾人努力的条件中最显著的,努力为进步的原因。故欲计社会的进步,宜促进自由竞争,极力发挥个人的力量才能。欲促进自由竞争,须先保私有财产的安固。盖经济上的竞争,发于利害观念;而经济上的利害观念,胚胎于私有财产制度。利己为人类经济行为有力的动机,决不能否定的;国民经济的进化,社会文化的发展,非立其基础于私有财产的制度上,使个人有切密的利害关系,绝难望其成功。故私有财产,不能不是认。既是认私有财产,则收入及财产的不平等,亦不能否拒;所谓不劳而得,亦决不能免除。且既是认私有的财产权,则财产的相续权亦不得不是认。刺激人类的劳动心、企业心、贮蓄心的原因虽多,然希望子孙的繁荣,实为其主要之一,殆不容疑。财产相续制度,实为各人欲充足此通共的要求而存在;若否定这制度时,灭杀各人的勤勉心,因而阻碍国民经济的发达。至因生产资本的私有而起的结果,即不劳而得、贫富悬隔、资本集中等,就今日人文发达的程度而言,亦不宜加以禁遏。盖现在的人类,希望获得巨大的财富和享乐的生活,实为促进社会物质进步不可缺的大动力;若除去此大动力,则生产技术的进步,报酬渐增的法则,殆无由实现。富豪的价值,其属于自己个人的,可置不论;其属于社会的,为刺激人类勤勉努力的目标,亦有深切的意义。且不劳动阶级的存在,就学问艺术及其他文化发展的源泉上观察,亦为社会中所不可缺的;其利益亦普及于全体社会,使一般人类的生活上进。所以不劳动的阶级,决不能认为无用的寄生物。总之,社会改良主义所以主张产业自由,乃鉴于现在人类一般的性情,以为不维持此等制度,则个人的发展和社会的进步将不可能。但若因此等制度的存在,至阻碍个人的发展,妨害社会的进步,则对于此等制度,自不能不加以制限。盖产业的自由,乃手段而非目的;固执其手段而忘却目的,岂非大愚。

所以社会政策的二大纲中,第二为生活状态的改善。即改善劳动的生活状态,使其地位向上增进,得享有人间相应的生活。这生活的保障,就是社会政策对于革新方面最低的任务。这种任务,就劳动者的类别,分为下列四种:

(1)对于现时从事劳动者,除维持劳动组合的自由,使其依自助的方法以改善其地位外,其低级的劳动者,无自由组织团体的能力,非赖国助不能改善生活时,则由国家制定"国民的最低劳动条件",以保障其人间相应的生活。

(2)对于现时无劳动地位者,即对于失业者,以除去失业的方法为主要。列举其事项:①规定完备的劳动绍介制度,计劳动的供给和需要的适合。②规定国民的最低劳动条件,使不能劳动的为当然的退职;不使寄生的劳动者妨碍有能劳动者的生活。则社会的职业集中于有能者手中,减少其失业的机会。③减少生产的波动。例如行企业的联合;防生产的过剩;季节工业,务设法延长其生产时期,避劳动需要的不平均。大工业在需要旺盛时,注意生产的过剩;需要疲乏时,以减少劳动时间,增加休日,节减生产,勿骤然解雇,致生多数的失业者。④公共团体于工业疲乏时,起浚河、筑路等工事。⑤奖励产业,以增加劳动的需要。⑥实行殖民或移民政策,防止劳动供给的过剩。⑦保护中产阶级，使沦落为无产者人数减少。此外直接间接的手段尚多，不遑枚举。

至失业中的劳动者，亦不能不施以救济；列其事项：①使职工组合中行失业共济制度。②由公共团体营失业的保险。③失业者众多时，由公共团体临时开始巨大工事。④由公共团体直接与以补助金；但此等方法，须施行得当，勿使有奖励游惰的弊害。

此外，对于在执务中因负伤致疾、残废、衰老、分娩等事而不能劳动者，其保障生活的方法，宜制定奖励职工组合的共济制度，及制定佣主责任法，并施行疾病保险、衰老保险、养老年金等；其因身体精神本有缺点，不能劳动者，如不具畸形、白痴、癫狂、盗狂等，则设慈善事业以图救济。但其生活程度，不能不有所制限。若浮浪懒惰，不愿劳动者，则无要求人间相应生活的权利；其处置的方法，不属于社会政策范围以内。

总之，社会政策分为自助和国助两种，如产业组合、职工组合等，皆属自助的方法，其所得效果，最为确实而安全。惟劳动者非加入自助的团体，自不能得自助的利益。而就现社会统计，得加入是等团体的，常不过劳动者的一小部分。所以劳动者生活，不得不借国助的方法，以为保障；而女工、幼工、低级劳动者，殆无讲求自助方法的实力，则国助尤不可忽。社会改良主义中，主张自助的，亦称自由的社会改良主义；主张国助的，亦称保守的社会改良主义，或国权的社会主义，又称“官僚政治主义”，而国权的社会改良主义中，激进的一派，则主张铁路、矿山、银行、海运等禁止私营，和国家社会主义相同。至社会教育，则又为社会改良主义的要点，无论自助国助，凡一切社会政策，非由社会意识的一致，不能奏效，而指导社会趋向的，除社会教育以外，无他道。基督教徒欲以基督教义应用于社会问题，亦为社会改良主义的一派，称为“基督的社会主义”。

五、三民主义与民生哲学

现时我国民所遵奉的“三民主义”与社会问题的关系，我们不可不研究明确。上述的社会问题，虽为世界的通共问题，但随各国情况的不同，问题的内容各有差别。例如法国的中产阶级较多，与英美的情形既异；俄国的机械工业未发达，生产力较弱，又与欧洲诸国不同。所以各国的社会问题，决非完全一致的。我国与欧美社会情势迥异。欧美社会为劳资对抗的形势；而我国的阶级较为复杂，差别也不很明显。就大体上言，则我国的政治革命，尚未能完全成功。特权阶级犹未能铲除尽净；工业幼稚，生产力薄弱；又受外国资本主义的压迫，生产事业日益凋敝；无产阶级中，现无劳动地位及懒惰浮浪不愿劳动者，合成游民阶级，以破坏社会的生产，大致已如前述。所以我国的社会问题，非仅劳资对抗的问题，而为特权阶级榨取生产和游民阶级破坏生产的问题；非国内资本集中的问题，而为外国资本压迫问题。即危害我国民的生活者，不是本国的资产阶级，而为本国的特权阶级、游民阶级和外国的帝国主义；被危害的不仅为本国的无产者，就是资产阶级和中产阶级也受他们的危害。我们但倡导，撤除私有财产制度，消灭资本，仍无济于事。

现时我国民所遵奉的三民主义，第一为“民族主义”，即固结自己的民族，保持民族的国家，以抵抗他民族的压迫；第二为“民权主义”，即伸张民权，废除特权阶级，建设真实的民治；第三为“民生主义”，就是社会主义，又名共产主义①。但是为什么改称民生主义呢？因为马克思的共产主义，是从唯物史观或经济史观出发的。近来美国有一位马克思的信徒威廉氏，认为民生为社会进化的重心，社会进化又是历史的重心；归结到历史的重心，是民生不是物质。所以用“民生”两个字来包括社会问题，较之用“社会”或“共产”等名词为适当②。原来两种主义，没有什么分别；要分别的，还是在方法③。方法有什么分别呢？

(1)民生主义是反对阶级战争的：人类求生存是社会进化的原因，阶级战争不是社会进化的原因，是社会当进化时候所发生的一种病症。这种病症的原因，是人类不能生存。因为人类不能生存，所以这种病症的结果便起战争④。

(2)民生主义是不赞成用革命手段来解决经济问题的。三民主

---

①见孙中山先生著《民生主义第一讲》及《建国方略》。

②见《民生主义第二讲》。

③见《民生主义第三讲》。

④见《民生主义第一讲》。

义虽然是革命的主义，但是用革命手段来解决政治问题，不是用革命手段来解决经济问题。“用革命手段解决政治问题，在俄国可算是成功。但是说到用革命手段来解决经济问题，在俄国还不能说是成功。俄国近日改变一种新经济政策，还是在试验之中；由此便知纯用革命手段，不能完全解决经济问题。”①原来马克思主义，主张暴力革命，但在相当的情势下，也赞成用和平手段，已如前述。民生主义则完全认剧烈办法为不合时用②。这两项是民生主义和共产主义方法不同的大要。

至民生主义解决社会问题的重要方法，消极方面为“平均地权”和“节制资本”：以“增价归公”为平均地权的方法，以用“累进税率”为节制资本的方法；积极方面，则生产方法在“制造国家资本”，就是发展国家实业，分配方法则由社会团体或政府来支配。这分配方法的大意说：“人类自发明货币有了买卖制度以后，一切日常消耗货物，多是由商人间接买来的。商人用极低廉的价钱，从生产者买得货物，再卖到消耗者，一转手之劳，便赚许多佣钱。这种制度，可说是商人分配制度。消耗者在此制度之下，无形中受极大的损失。近来研究改良，方才明白。不必假手商人，可以由社会团体或政府来支配。譬如英国新发明的消费合作社，就是由社会团体来分配货

①见《民生主义第二讲》。

②参考《民生主义第二讲》。

物;欧美各国最新市政府供给水、电、煤气以及面包、牛奶、奶油等食物,就是用政府来分配货物。这种新分配方法,就叫'分配的社会化';换句话说,就是照社会主义来分配货物。"[①]这种方法,大致和社会政策中国权的社会主义相近。民生主义和共产主义的分别,大旨如此。

民族、民权、民生的三项,结合起来,成为三民主义;这三民主义,却是整个的。共产主义中若工团主义、无政府主义等,皆提着"劳动者无祖国"的口号,不承认国家的存在。就是那国家的共产主义者,除一时的国家以外,也没有肯定国家的意思。这是和民族主义不相容的。又现世界中抱过激思想的劳动团体,主张以劳动阶级掌握政权,欲以极端的专制手段宰制社会,这是和民权主义不相容的。所以在三民主义内的民生主义,绝不是过激派的共产主义。况且就我国现状而论,所谓社会问题,非仅劳资对抗的问题;在外为帝国资本主义的压迫,在内为特权阶级的榨取和游民阶级的破坏,就是兵匪的扰乱。所以我国民必须凭借民族主义,抵抗他民族的经济侵略;凭借民权主义,免除兵匪的扰乱生产;然后民生主义方能渐次实现。可见民生主义不能离开民族、民权而独立的。论到民生主义的广义,则民生就是人民的生活,社会的生存,国民的生计,群众的

①见《民生主义第一讲》。

生命[1];民族主义和民权主义,无非是为着民生;所以民族主义和民权主义,都可以包含在广义的民生主义以内。三民主义的精神,全部是注在民生主义[2];三民主义的思想基础,就是“民生哲学”[3]。前言美国威廉氏以民生为社会进化的重心,可知他所谓“民生”,就是“人生”,也就是“生命”。就自然现象说,以生命为中心,故称生命哲学;就社会现象说,则当以人类的生命为中心,即称为人生哲学;若专就社会内的政治现象、经济现象说,则当以国民的生命为中心,所以称为民生哲学。民生主义固然是从民生哲学出发的;就是民族主义和民权主义,也可包含在广义的民生主义中,成为整个的三民主义,也是从民生哲学出发的。我们在学术上当以人生为中心,统整一切思想,以解决哲学问题;在政治、经济上当以民生为中心,统整一切思想以解决社会问题。三民主义和人生哲学的关系,即此可以明了。

①见《民生主义第一讲》。

②参考戴传贤著《孙文学说之哲学的基础》。

③同上。

第四章
人生的目的和价值

一、人生的究极目的

人生哲学,以人生为研究的中心。所谓“人生”,乃指吾人生活期间种种行为所蓄积的统一体而言。吾人最初的行为,出发于本能的冲动,心理上固无目的存在。行为的目的,须积经验而后知。已如前述。然谓最初的行为,不能自知其目的则可;谓最初的行为,并无目的则不可。所以任何行为必有目的。由种种行为统一而成的人生,亦当然有种种目的统一而成的总目的,这总目的就是人生的“究极目的”了。前言目的和手段,不过阶级高下的差别。目的上更有目的,则较低的目的,即为手段;手段下更有手段,则较高的手段,即为目的。人生的究极目的,即人生种种目的上最高的目的;而种种目的,皆为其手段。惟世界人类,大概仅有较低的目的;最高的目的，常不能自知，虽现代哲学家，积科学上许多的经验，已渐渐明了其大概。而大多数平凡的人，则仍依其较低的目的以度其一生。劳心劳力者，其目的在蓄积资产；蓄积资产的目的，在长养子孙。至长养子孙的目的为何？则本人几茫然无以自解。即少数杰出的人，以立功名成事业、振兴国家、改良社会为一生目的，亦不自知其所谓目的者，仍不过为人生究极目的下一种手段，而别有更高的目的存在。古代人类对人生的究极目的，殆屡屡探求，不易了解。庸俗的人，乃为种种妄想，以永生天国及修仙得道、成佛作祖，为人生的究极目的；或求诸幽冥，待诸来世，寄托其究极目的于经验界以外。哲学者则为种种构想，其为非目的论者，有“机械论”及“寂灭论”两派。“机械论”为自然主义者所倡，以为万有的动作，皆为物质势力所支配，皆属机械作用，并无目的存在；人类种种目的，亦无非机械作用的结果。“寂灭论”为佛教的主旨，以为宇宙万有，皆偶然显现的色相；成毁无常，本属虚幻，安有目的。人类种种目的，非痴即妄。其为目的论者，大抵就各人的经验，构成理想，目为至善，以为人生的究极目的。下文所述伦理学中诸主义，如快乐主义、克己主义、完成主义等，就现代哲学上观察，皆人生究极目的下的一种手段。而人生究极目的的认识，实为现代哲学的特色。

现代哲学的目的论，实以德人叔本华（Schopenhauer，1789～1860）氏的“意志哲学”，及英人的斯宾塞（Spencer，1820～1903）氏的“进化哲学”为基础。

叔氏的学说，发源于德人康德（Kant，1724～1804）氏的“主意说”。康氏谓“吾人的认识力，不能完全窥知实在界；但能信守实践理性所指示的真理罢了”。所谓实践理性，也称“道德的意志”。夫“人之欲善谁不如我”，这欲善就是道德的意志。康氏盖主张以道德的意志为宇宙原理。至叔氏更为推原立论，而以盲目的生活意志为万有的根源。世界的本体即为意志，一切事物的现象即意志的表现。意志无理性，无意识，无目的；惟努力以求生存。不但生物为然，即水的流行，星的运转，无非此意志的表现。动物的孳乳、植物的萌芽皆由此意志而来，一面取种种资料为其生活的牺牲，一面则极力反抗足以危害其生命者。至生命有危险时，虽已无可救药，仍不胜其戚戚。老病之人，余命几何？然终以免死为幸。此维持生活的本能，其维持个体所属的种属，较之维持个体为强。性欲的冲动，即为维持种属而设。而个体则往往以是而亡。男女之间，以爱情而丧其生命，即以维持种族而牺牲其个体。生物界中，此例甚多。世界一切现象，无非此意志的活动。

斯氏的学说，发源于达尔文的进化论。达氏以生物的体制、由简单而进于繁复为进化；而以进化说明物种的起源，归本于自然淘汰。斯氏乃扩大其说，以宇宙万有、由等质而进于不等质，由不定形进于定形，由不调和而进于调和为进化方式。自天体的进化，生物的进化，心意的进化，以至社会的进化，均以此三种方式说明，而归本于适者生存。斯氏又以社会内协力的完成为进化的极致。以为人类生活的特质,在个人与其他个人的共同生活和互相协力。社会生命的保存,为其组成的各个人生命保存的手段。个人的生命保存为究极目的,同时社会的生命保存为其直接目的。社会的进化,其初为强制的协力。当社会间互相抗争时代,惟有从社会的要求,以限制个人的要求;渐入和平时代,个人为社会牺牲的渐少。此时以个人生活的完成,为社会生活完成的直接目的。其后则以自由的协力,代强制的协力;以社会全体的生活,完成个人的生活。而人类的究极目的与其直接目的,乃为根本的调和。

这两家的哲学,固不能认为现代的人生哲学。叔氏既由认识生活意志的结果而否定意志,成为"厌世哲学",以为意志既为盲目的努力,此努力即欲求,欲求即起于感缺乏,感缺乏即为苦痛。盲目的努力,猛进不已;痛苦即随伴而生,永不能免除。故世界实为无涯的苦海。解脱的方法,惟有否定生活意志。一面对个性不起执着,以发展同情;一面对生活不生贪恋,以断绝意根;归结于佛家的寂灭论。斯氏的进化哲学,归本于适者生存,亦倾于唯物哲学的机械论,均和现代人生哲学的倾向不同。但现代的人生哲学,实由二家的学说镕铸而成。盖宇宙的意志,向进化的道程上进行,由物质而发现生命。生命发现以后,即由生命的努力,以求生命的维持及其发展。生命当然包个体和种类的生命而言。维持是求生命的继续存在和增长,发展是求生命维持的努力益益稳健而有效。由机官的发展,心意的发展,社会的发展,以至形成文化的发展,实际上就是生命的发展。吾人认这生命的发展为宇宙的究极目的。这究极目的以上,更无目的存在。所以叔氏谓生活意志是盲目的,斯氏对于进化的动因亦不能加以说明。至叔氏所谓欲求,所谓感缺乏,以及斯氏所谓适者生存,都是因有了究极目的而发生的结果,都不能认为发生究极目的的原因。至吾侪人类,是宇宙万有中的一部分;对于宇宙的究极目的,当然不能背弃的。所以人生的究极目的,当然和宇宙的究极目的相同。而且人类是宇宙万有内生命发展最高的阶级,所以宇宙的究极目的,实依赖人类而实现。由前说,则人身为一小天地,人类和宇宙是息息相通的;由后说,则人可以参天地而成三才,人类实为宇宙的中心。现代哲学,即以认识这究极目的为其特色。虽其学说各各不同,皆由这人生究极目的出发的。所以就人生哲学的广义而言,则凡现代哲学,皆可称为人生哲学。

现代哲学中,与人生哲学有重大影响的,为“实用主义”的哲学。此派学者,可以美人詹姆士(James,1842 ~ 1910)为代表,其特色有三:

(1)曩时思辨哲学,欲借思辨以认识真理,且以真理为极对的;经验哲学则多倾向于机械论。实用主义者乃以人生一定目的为标准;哲学的学理,以是否适兹标准而决定其真伪。“真理当有实际的效果”,此一语足以蔽此主义的全体。此派的学者,以为几何学法则所以能成为法则,即因其合于人类实际生活的缘故。设置实际生活的要求于度外,未尝不可造一绝不相同的法则;而此绝不相同的法则所以不能认为真理,即因其不适于实际生活的缘故。且以为真理非绝对不变的,可以随人类的目的与意志而改造。真理为人所创,得由人去取;世界既变,则吾人所谓真理亦变。

(2)思辨哲学及经验哲学,皆为主知主义;尊重理性,以知识作用为最要。而实用主义则为主情意主义;以情意作用为根本,置知识作用于第二位。以为知识作用实立于情意作用的基础上,必吾人的感情感其兴味,吾人的意志加以注意,然后起知觉。吾人的心,非如镜的照物,能将外界事物一一映入;仅于无数事物中,选择其一部分,映入心中而成知觉。其选择的标准,即为情意所感的利害关系。故一切知识,皆由情意的利害关系而生。

(3)实用主义重努力和奋斗,欲依人类主观的要求,以无穷的努力,加无穷的改造于世界。这派哲学,在英美学界较为盛行。同时德人尼采(Nietzsche,1844 ~ 1900)提倡“超人哲学”。其学说以叔本华的生活意志为根据,兼受达尔文生存竞争说及马克思唯物史观的影响,主张个人的权力;于生活意志上,主张权力意志。以为一切生物,不但欲求生活,且欲充实自力;这是生活的本能,人生当然的目的在无限制扩张一己的权力,以求生活本能的十分满足,这就是超人的理想。善就是力;恶就是弱;幸福就是权力增加的感觉,不幸就是这反对的感觉。为着满足自己的要求,扩大自己的权力,大胆地向着社会宣告战斗;勿畏人,勿怖神,勿怕死,勿但求和平与苟安,过无谓的生活。你必须找寻你的敌人,你必须和你的敌人奋斗。只有奋斗能使人类进步，只有奋斗能开人生的新机运，只有奋斗能使我人进于超人。奋斗的结果，虽不免产出人生的悲剧，但此种悲剧，在艺术中占有最高的地位。由悲剧的艺术所成就的人生，方为高贵的人生。尼氏哲学，颇倾于个人主义、专制主义。唯其积极的肯定人生，和实用主义相类，故或认为实用主义中的一派。

总之，实用主义的哲学，皆认生命的发展为人生的究极目的。人类主观的情意，皆向此目的而活动；即客观的理智，亦以求合于此目的而起。所以理智仍以实用为标准。至努力奋斗，则为具有目的的人生当然的结果，亦为认识人生目的的哲学当然的结论。

至现代所谓人生哲学或生命哲学，则为德人倭铿（Eucken，1846～）和法人柏格森（Bergson，1859～）所倡导。倭氏的哲学，亦称为"新理想主义"。以为精神生活和自然生活（即物质生活）相对峙，自然生活达到某程度时，精神生活才开始。在低级程度时，一切生活，只是顺应自然。他们的努力，只为满足自然的欲求。但这状态并不永续，到了某时候，自有高尚的理想现于吾人脑里，向着这理想的实现，开始奋斗；于自然生活以外，开拓精神生活的领域。自然生活是无意识的、他律的、官能的，有必然的法则行于其间的生活；精神生活是意识的、自律的、理性的、得自由开展自己世界的生活。宇宙生活，在由自然生活而入于精神生活的路程上；人类正在从自然生活推移到精神生活的过渡点。就是人类一面为自然生活圈内的一动物;一面又有超越自然的精神生活,显现于他的心中,从内部驱策吾人离开自然生活,开拓精神生活。生活的内容是不能以理智证明的,譬如火的热,糖的甘,不是借他人的经验就能了解的;除了自己直接感知即直观外,没有别的方法。直观有两种:一是感觉的直观,一是精神的直观。前者由自然给予的,后者由自己创造的;欲知道真的生活,必须使后者制胜前者;使由自然来的感觉情欲不至肆意横行,依着精神的努力,奋斗创造,以实现理想,方能了解精神生活的内容,真正的人格和自由方能表现出来。

柏氏的哲学,以生命的中心是意识。动物、植物皆具意识的。植物的意识在昏睡中,但并非没有意识。意识和生命,都是流转持续的,不断的创造,不断的前进。物质世界为机械的法则所支配,不能超越法则而自由。意识世界则全然自由,常为不可臆测的创造。生物是于物质上为生命活动的;生命的活动,就是引着意识潮流,侵入物质中间,支配物质,为创造的进化。在创化的中途,生命向物质上不绝发展。因为被物质的拘束,不能不服从物质的法则;但生命却不绝的努力,以求脱离物质的法则。这努力的原因为“生的冲动”,由生的冲动,使生命向着创化进行;为排除物质抵抗的缘故,生命遂分散为若干部门、若干种属及无数个体,各自努力。由各自努力的结果,其创化程度遂各各不同:最低级的为植物的生活,安于无意识的睡眠状态;第二期为动物的生活,较植物为意识的。这生活分为二方面:一是蜂蚁的本能生活,一是人类的理智生活。植物受物质力的支配最强,动物次之,人类最少。其生命征服物质,较物质支配生命为多。所以人类最为自由,得冲破障碍,以继续其生命的活动于无穷。但人类的生命,决不孤立于其他生命以外;一切生物,皆互相结合,同循此伟大的冲动而进行。动物立于植物之上,人类又立于一切动植物之上,为共同进行的一大军队。人类立于战斗的最前线;以其努力的发展,遂和其他动物隔离较大。但人类如果忘却努力,在其意识上面生了因袭和独断的皮壳,那么就和被支配于自然界必然法则的动物和植物没有什么分别了。

总之,倭氏所谓开拓精神生活,实现理想;柏氏所谓创造的进化,皆指生命的发展而言。现代人生哲学,特注重于人类生命的发展。盖生命的维持与发展,虽为人类与动植物共同的目的,但动植物的努力,以生命的维持为主;仅就生命的维持而言,人类不及动植物之处很多。人类所以高出于动植物的原因,就是努力于生命的发展。因生命发展的结果,使生命维持的努力益益稳健而有效。所以言生命的发展,则生命的维持亦可包举在内。人生哲学,可以说就是以发展人生为主义的哲学。

二、行为和品性的价值

人生究极目的,已于上节说明。吾人将进而研究人生的价值。

上节言“所谓人生,为吾人生活期间种种行为所蓄积而成的统一体”,可知人生的价值,无非吾人生活期间种种行为的总价值。所以欲研究人生的价值,当然须研究行为的价值。

然则行为的价值,当用何种标准来评定呢?吾人平日对于自然界的事物,常附以好不好的评价,其标准不外二种:(1)以自己的感情为标准的。就是由事物所引起的感情,快的是好,不快的是不好。(2)以自己的欲望为标准的。就是以合于目的为好,不合目的为不好。这两种标准,虽然不同,但理论上可以并合为一。因为第一种标准,就是以快乐为目的,而以合于目的为好,不合目的为不好,与第二种标准相同。所以事物的价值,可以说都是对目的而发生的。有了目的,遂因合于目的与否而评定其价值。

至于人类的行为,其价值可分为二种:(1)为事务的价值;(2)为行为的价值。事务的价值,乃以行为的目的为标准,对于手段而附以好不好的评定;与自然界事物的评价全然相同。至目的的好不好,可以不问。如事务员的办事,其目的为主任者所预定;办事的好不好,只在能实现目的与否,而目的的好不好,不在事务范围以内(目的不好时事务员仍应负责,如受人雇用殴打他人,殴打者仍应负法律上责任。说详后)。这种事务的价值,不能与行为的价值相混。行为的价值,可以说是对于行为的目的而附与的价值,就是以行为的目的为评价的对象(说详后)。但手段的好不好,可以目的为标准;目的的好不好,更以何者为标准呢?前已说明低级的目的,即为高级目的的手段;所以目的的好不好,当然可以更高目的为标准。但更高目的,仍为行为评价的对象,其好不好仍不可不有所标准。依此递推,则其最后必以究极目的为标准无疑。至究极目的,不能更为他目的的手段,即不能更附以好不好的评价。人类对于究极目的,无自由选择的余地,即不能为评价的对象了。

行为的价值,既以人生究极目的为标准;即合于究极目的的为好,不合于究极目的的为不好。这种价值和事务的价值,或自然界事物的价值,仅以接近目的为标准的,全然不同。行为的好不好,可以更称为善恶。善恶二字,乃伦理学上专用以表示行为的价值的。事务的价值或自然界事物的价值,只能为好不好的评定,不能为善恶的评定。虽文词上有时不依这个限定,但绝不是科学的意义。至合于究极目的为善,不合的为恶,亦不过就大体上说。若更加细辨,则善恶的中间,尚有一种中性行为。如吃饭、穿衣、求偶、生子,这皆对于人生的究极目的,即生活的发展,有相当的价值,但吾人不称他为善,因为人生在世,对于究极目的,当然应负相当的责任;这不但人类,就是动物也是负相当责任的。人类对于究极目的所不可不负的相当责任,随社会的情况,略有异同。在这责任范围内的行为,即中性行为,在行为时虽不认为善,但不行为时却认为恶。如忍冻受饥、不讲卫生以及独身避妊,违反人道——诸如此类,皆以不合人生究极目的而认为恶。但亦有许多行为,只有善恶两方,没有中性的。如他人的生命危险,在可以救援的时候,救援他就是善,不救援就是恶,没有中立的地位存在了。人类的行为,依人类的究极目的评定价值,为道德的评价。凡有动机的行动即行为,均可以附以道德的评价。

但是有许多的行为,仍不能为道德上评价的对象。例如殴打他人的行为是恶,但在小儿或精神病者,有此行为,虽不能不予以制止,而不能以此行为为道德上评价的对象。凡行为可以为道德上评价的对象的,必须具有下列的条件:

(1)为对人的行为。原来西洋人所谓道德(morality)的意义,指人与人的情意关系而言。人与人原有种种关系,如血属关系、地理关系等;此等关系,与道德无关。惟其间发生情意关系时,乃呈道德现象。所以为道德上评价的行为,必为对人的行为;而对物的行为,即对人类以下的动物及植物或对地球诸星系上种种无机物的行为,以及对神鬼的行为,不能为道德上评价的对象。惟此种行为,常与对人有关系,仍可由其对人的关系而附以道德的评价。如宗教家以敬神为善,佛教以杀戮动物为恶,其他如崇拜太阳、祭祀山川、敬惜字纸等,皆非对人的行为;在古代人智未开发时,以为此等行为均与人类的生活有关,故附以善恶的评价,在现代伦理学中,当然不能以此等行为为道德评价的对象。然如凌虐动物、恣杀生灵、暴殄天物等,或以损害人间慈善的感情,或以耗费人类生活的资料,仍以对人的关系而评定为恶。又媚神佞鬼之类,亦以阻抑人智的开发,枉费人间的心思才力,对人有害而认为恶。至如崇敬古代贤哲,尊重祖先,对于其生存时期的人格而为仰慕则效表彰继述的行为,仍为对人的行为,与媚神佞鬼不同。又所谓对人的行为,并非专指对他人而言;对自己的行为,亦包括在内。因为自己亦为人类中的一员。所以自己对自己,亦包括在人对人之内。或把对人的行为误为专指对他人的行为而言,因而谓漂流荒岛中单独的个人,不能发生道德现象,无善恶可言;这种见解,殊未稳妥。吾国道德以慎独为主,以修身为本;对己较对人为重。总之对己对人,均有道德的责任。如怠惰而不事生业,放恣而不顾卫生,皆为对自己的不道德的行为。或又将对人与对己的行为为公德、私德的区别,以为行为的评价,当重公德而轻私德;但人类既为社会生活,一言一动,无在不与社会有关,为公为私实无区别。如吸烟饮酒,以纵欲伤生言,为损害私德;以伤风败俗言,亦为损害公德。今之论者,乃以奸非事件为属于私德,可以容许,而采折公园的一花一木,则以为伤害公德,须严加制裁,岂非轻重倒置呢①?

(2)行为的结果,须在行为时可以预期的,前在第三章内说明行

①按西洋所谓公德,为维持且增进社会公众福利安宁的行为,由实践而成的习惯。其关于私生涯的道德的行为所成的习惯,则称为私德。故其视公德较私德为重。盖私德在于修己,而公德在于安人,责务较为重大也。至我国及日本所谓公德,意义与西洋略殊;专指个人对于公共物(如公园道路等)的责任,对于不特定的个人及其所有物的责任(如辅助群众中的妇女、小孩,不涂抹他人的墙垣,不拾遗弃物等),及在会所、剧场中对于会众观客的责任。在德国亦有类此意义的语。但在伦理学中殊不多见。此等责任,固宜注意,然按之西洋所谓公德、私德的区别,则此等责任,仍属私德范围。若认此等责任为公德,而谓此等责任以外皆属私德,可置于次位,则殊为谬误。

为中除第一次的本能冲动行为其动机中没有目的外,第二次冲动行为,其动机中即有目的存在。这目的本是行为的结果,由经验后成为行为的目的。但行为的结果,有时全与目的不合,或者其一部分和目的相反。于是行为的评价有二种方式:以动机为重的,主张动机论;以结果为重的,主张结果论。西洋伦理学史上,此两派对立,屡起争论。宗教学者、唯心论派,多主张动机论;法律学者、功利学派多主张结果论。极端的动机者,谓目的使手段神圣;动机若善,则结果可以不问——如是,则以求人类的平等自由为目的,虽用杀人放火的手段,亦不为恶,其谬误自不待言。至极端的结果论者,则专就行为的结果上评定善恶,至其结果的可以预期与否,亦所不问——如是,则误杀将与故杀同科,亦非妥当的见解。近时这两派各加修正,意见遂由接近而融合。即行为的结果,若可以预期,而在行为时既有此预期,则此结果虽不是动机中目的,而可认为目的下更低级的目的,称为最近目的。例如被人雇用殴打他人,则其动机中的目的为得酬,然殴打的结果为伤害,是可以预期的。所以殴打的行为,其最近目的为伤害,而得酬为较高目的。则被人雇用殴打伤人时,不能以动机在得酬而加以宥许。至可以预期的结果,在行为时若没有这预期,则其不预期为不当,行为者仍应负责。惟其结果若不可预期,则不能以其结果为道德上评价的对象;而道德上负责任的行为,仅以其结果可以预期的为限。

(3)为心意完全无缺损时的行为,即具有判别善恶能力时的行为。这判别善恶的能力出于良心;“良心”二字见于《孟子》,现为英文 conscience 的译语。其原意为判别善恶仅属于知的心意作用,然情意的方面亦包含在内。良心在知的方面作用,为对于善恶标准的寻求及对于标准合否的判断。情的方面作用,于行为前对于善行起向慕的感情,对于恶行起疾恶的感情;于行为后对于善行起满足或赞赏的感情,对于恶行起悔恨或排斥的感情。意的方面作用,对于善行起奋勉的意志,对于恶行起制止的意志。所以良心对于吾人的行为,常为严格的审判,下严重的命令,具伟大的威权。这良心的起源,有认为天赋的,称为“天赋说”;有谓起于祖先或自身经验的,称为“经验说”。其主张起于祖先经验的,为“种族经验说”或“进化说”;主张起于自身经验的,为“个人经验说”。但此诸说均不能单独说明良心的起源。盖良心实萌芽于生活意志中,积以种族和自身的经验,次第发达。动物学家既证明高等动物中有良心存在,人类学家亦证明任何劣等民族均有家族的道德标准及道德上应用的语言。

良心由种族的经验而发达,已为社会进化论者所公认。但个人自身的经验,如家庭的风仪,乡里的习俗,学校的教育,朋辈的熏染,时代的趋向,均与良心有关系。其发达可分为三段。第一段为模仿的良心,大都受社会的感化,以模仿的本能为其主因,社会以为善者即善,以为恶者即恶,不求其理。第二段为固有的良心,于社会中所谓善恶,渐求其理由,理智于是显现。第三段为自由的良心,以自己的理智判断善恶,不为社会的评价所拘束。良心发达,各各不同。

因而各人的良心,渐次分化,知的方面,常因智识的高下而判别不同。有教育者或文明人所谓善恶,与无教育者或野蛮人所谓善恶,往往殊异很多;即同一个人,对于同一行为,前后判别亦或不同。大抵良心的谬误,概起于知的方面,知既谬误,则情意亦随之谬误。行易知难的学说,即本于此。至情的方面,其强弱亦随经验而异。平时屡屡提撕良心,培养感情,则良心容易显现,效力亦愈伟大。若平时漠视良心的刺激,或习为违反良心的行为,则良心渐被斲伤,遂至于昧良、丧良、忍心害理。意的方面,亦须时时锻炼,由薄弱而至于坚强。否则知虽甚明,情虽甚热,而没有实行的毅力,则溺于外诱,惑于私意,良心总无由实现。古人云:“知之匪艰,行之惟艰”:知易行难,其说亦自有依据。西洋伦理学家对于良心的解释:或者主意,以为良心是意志,为人生根本的存在;或者主情,谓良心的表现,即在于情的好恶;或者主知,谓良心是合理的。

总之,由先天说则自内及外,其就善去恶,本出发于生活意志,由此意志,发现为好善恶恶的感情,更发现为区别善恶的知识。由后天说,则自外而内,先有辨别善恶的知识,而后有好善恶恶的感情,就善去恶的意志。所以为道德上评价对象的行为,必其心意中具有判别善恶的能力。若小儿、若白痴或癫狂者、若醉汉等,其行为虽亦可加以善恶的评价,但不能认为道德上评价的对象。对于小儿,其善行亦当加以奖励,其恶行亦当加以惩戒;对于白痴或癫狂者及醉汉的恶行,亦当予以制止,但在伦理学上,则此等心意有缺损者的行为,概置于道德范围以外。至醉汉的行为,虽不能为道德上评价的对象,而其酗酒的行为,在道德上仍不能不认为恶行。

(4)为由自由意志出发的行为。由强迫而行的动作,不能为道德上评价的对象,至吾人的意志果得自由与否,宿为伦理学中重要问题;即其他学科对此问题的论究,亦有重要的关系。大抵古代的人,受迷信支配,以为人类行为,其善者受神明的启牖,其恶者受魔鬼的诱惑,人类无自由的意志。迨人智渐渐开发,此等迷信渐渐芟除,意志自由说在思想界颇占势力。但近世科学发达的结果,对于意志自由说,却生反对的倾向。盖科学者以为万有现象悉受因果法则的支配,任何现象决无无原因的结果。吾人心意现象中的意志作用,亦不能脱离因果法则,必有相当的原因,而后有意志作用;则意志作用,决无自由可言。輓近科学万能时代,物质主义及实证主义益益风靡于思想界,意志自由说几陷于全失根据的状况。主张意志不自由的,称为"意志必然论";认人类的意志受外界或内界的限定。除宿命论等属于宗教的迷信以外,其为科学家所主张的:属于外界方面,如天候、地势、生理等,属于内界方面,如个性、习性等,均能支配吾人意志的活动;其尤具有势力的,即吾人所生存的社会,如风俗、习惯、时风、舆论、经济、法律、宗教、教育等。合内界、外界两方面,以支配吾人的意志。此等主张,皆有生物学、心理学、社会学的论据,不能否认的。但意志既无自由,则人类的动作,无非为自然的法则所驱使,与禽兽无所择别。人类的道德上责任将不复存在,教育修养遂与耕种或畜牧等工作无异，精神文化将因此澌灭。

现代学者，主张意志自由论者渐多。其主张极端的自由论者，谓意志属实在界，不受现象界的制限，如倭铿即主张此论的一人。其次则认意志活动的自由范围，并非全无制限的。一方受内界外界种种的束缚，但一方面有欲脱离现在的束缚而自由的性能。因此吾人认意志的本质的自由。这自由的性能，依经验而次第明确实现。植物及下等生物，全然受境遇及其他事情的支配，为机械的生存。幼稚的或原始的人类，虽有多少的自由，但极不确实；待后天的经验及教育、修养等，始得发挥其固有的性能。人类在幼稚或原始时期，常受本能及欲望的支配，为冲动的生活；积经验而后，始于多数的冲动中，显出自由选择、自由决定的意志。这自由意志，在消极方面，为抑制某种冲动；在积极方面，为实现某种冲动。其选择决定的范围，随心意的发展而益益扩大。普通文明人类的自由，较原始时期或幼稚时期非常扩大，即由于此。就此点观察，则人类意志的自由，乃由先天的性能与后天的经验结合而次第实现的。

但人类无论如何进步，决不能有绝对的自由。以吾人既生而为人，自不能违反人生的究极目的；究极目的既已限定，则自由决不能无限。近来由意志自由论与意志必然论综合而为意志实现说。盖自由意义有二：一为非必然的自由，一为必然的自由。例如一木片浮游水面，随风逐浪，忽进忽退，忽左忽右，任其自由，这就是“非必然的自由”。若船舶航行海中，向目的地前进，虽横风逆浪，不能阻碍,自由进行,这就是“必然的自由”。意志的自由,即属于必然的自由。又必然亦有二种意义:一为无自由的必然,一为自由的必然。例如由山巅坠石,必坠至山麓;在进行的中途,无左右进退的自由。这就是无自由的必然。若船舶由出发地开行,向目的地前进,在进行的中途,随外围的关系,左右进退,无不自由,务达目的地而后已,这就是自由的必然。意志的必然,即属于自由的必然。必然的自由,乃因必然以显现自由,为自己实现的自由;自由的必然,乃因自由以显现必然,亦为由自己实现的必然。行为的道德上评价,一方有一定的标准,是属于必然的;但如何能合于标准,全在选择决定的自由。若没有自由,则不能负道德上的责任,即不能附以道德上的价值。综合上列四种条件,则为道德上评价对象的行为,乃“心意无缺损的人,依其自由的意志,对于人而施其结果可以预期的行为”。合于此条件的行为,称为伦理的行为。

道德上评价的对象,为伦理的行为,已如上述。但行为以外,也有可以为评价的对象的,这对象就是“品性”。在伦理学上,品性的价值较行为尤为重要。品性和行为的关系,已于第三章五节中说明。即品性为过去行为的结果,而为未来行为的原因。所以品性的价值,可以从过去的行为论定,又可以从将来的行为推定。品性所以可为道德上评价的对象,因为品性为吾人的自由意志反复熟习而成;品性成立以后,虽能左右意志的倾向,然意志仍不失其自由。所以吾人对于自己的品性,仍可以自由的意志,加以努力持守或矫正。

这就是品性的修养工夫,为实践伦理上所最注重的。我国古来贤哲所谓学问,全集中于此。又品性为人格的内容,在内为品性,在外即为人格;品性既可为评价的对象,则人格亦当然可为评价的对象。吾人通常称为善人或恶人,就是对于人格的评价。所谓人生的价值,其意义与人格的价值大致相同。至品性虽为意志反复熟习而成,然此习得性仅为品性成立的一种要素;尚有一种要素,即生得性,实为品性成立的基础。这生得性本于父母及祖先的遗传,称为个性,已于第三章五节中叙述。这种个性,当然不能为道德上评价的对象。然个性在品性的构成上既为一种要素,品性的价值既于个性的基础上发生,则品性的善恶,不能谓与个性无关。所以个性自身虽不能为道德上评价的对象,而因其造成品性的善恶,遂认个性中既存有善恶的倾向,自非无理。个性中既存有善恶的倾向,遂附个性以善恶的评价。如《孟子》所载"或曰有性善有性不善",以及贾谊、荀悦、王充、韩愈等性分品级说,皆就个性而附以评价的。孔子言"性相近也,习相远也",这性也指个性,习则指品性。品性在个性上更加以习得的成分,所以价值的相差,自较个性为甚。

至于人性,其不能为道德上评价的对象,更无疑义。原来人性为普通成人间所具有的通性,既除去了个性的差别,则无善恶倾向的不同。而我国先哲对于人性,辄附以善恶的评价,致成为数千年来聚讼的问题。综其大别:(1)为"性善说",为孟子所倡导,后世儒家多尊崇其说;(2)为"性恶说",为荀卿所倡导,颇为后世学者所非议；(3)为“性有善有不善”即“善恶混说”，此说为周人世硕所倡导，扬雄、王充皆主其说；(4)为“性无善无恶及可善可恶说”，见于《孟子》，为当时告子所倡导。原来心意的发达，无非用以发展生活。心意发达一步，即生活的发展亦增进一步。则认心意的根源即性，为具有善的倾向，亦自有理由。植物及最下等的动物，以盲目的意志营生活；这盲目的意志，为生活努力，即为善的基础。稍高等的动物，始由感性作用引起情意，营本能的生活。本能的大别，为自己的保存和种类的保存；其为善而非恶，亦无待言。高等动物渐渐发生理智，至人类则理智益益发达，本能遂受理智的指导而改变。盖本能虽为生活发展所必须，由无数世代顺应环境而获得；当环境改变时，本能往往不能即时改变，此时其本能对于生活，不但无益而且有害。古代生物的灭亡，大率由此。现时生存的动物，往往具有无用或有害的本能；生物学中证例很多，不遑枚举。高等动物当本能冲动时，若因环境的阻碍而感受苦痛，例如鸟类啄食有防御器的昆虫而被其螫啮，家畜因不受羁勒而被主人鞭挞；经过数回的反复后，亦能抑制其本能的冲动，而渐渐改变。人类的理智较高，其改变本能，不必待诸反复感受苦痛以后；常因自己的思想或他人的指导，以理智抑制其有害的本能。现代人类的本能，大部分经过理智的抉择。由感性作用引起的劣等情意，常为理智所抑制；更由理智引起高尚的情意而现为良心，向人生的究极目的即善的方面进行。惟势力较强的本能，往往反抗良心而发动；人类的理智，有时竟背弃良心而为此种本能所驱使。吾人为生活发展的必要，对于这反抗良心的恶本能，不得不为努力的制裁。后世儒家称这种本能为人欲，而不认为人性。盖本能为由感性作用引起的情意，为普通动物所同具；良心为理性作用引起的情意，至人类而始发达。

所以良心的表现，实为人性中的特殊点。人性和兽性的差别，即在良心的发达与否。儒家所谓性，乃专指人性别于兽性的特殊点而言，故此等反抗良心的本能，既和兽性无有差别，当然区划于人性以外；乃由人性内固有的理性，被感性所诱惑剥夺，致兽性复现而然。吾人的修养工夫，就在回复其理性，养成高尚的情意，以实现其良心；使良心握有伟大的威权，以支配其本能。所以性善的学说，实为吾国伦理及教育的基础。至世硕、扬雄、王充等，则对于由感性引起的情意（本能），与由理性引起的情意（良心），均认为人性中所固有，故倡善恶混的人性说。此就人类心意的现象言，固未尝不合；而其弊在蔑视心意发达的倾向。荀、告二家，则认由感性引起的情意为固有，而认由理性引起的情意为人为，为后起。荀子认本能不受良心支配时为恶，故曰性恶；告子以本能可以受良心支配而为善，亦可以不受良心支配而为恶，故曰性无善无恶而可善可恶。二家之弊，皆在误认理性为理智。理智由教学而发达，虽属于后起与人为，但可以教学而发达的理性,不能不认为人性所固有,为人性与兽性差别的特殊点。孟子性善的学说,独为后世儒者所宗,却在于认明此点的缘故。

三、伦理学的诸主义

吾人既以生活的发展为人生究极目的,又以合于究极目的与否为行为善恶的标准,如上所述。然古人对于行为评价的标准,常有种种不同的主义或学说。综其大别,则为他律主义和自律主义的二派:“自律主义”是求标准于自己的本性之中,“他律主义”则求标准于自己以外的意志。这两派下尚有种种细别,兹综括表示于下(见表6)。

原来人类道德发达的初期,其评价的标准,就是社会的风俗。这风俗在成立的当初,大约都有目的的。普通成人的行为,当初也都有目的;但成了习惯以后,目的观念就渐渐消失。风俗就是社会的习惯。社会在太古时代,既有风俗存在。生在社会中的各个人,大都只知道已经成立的风俗,只知道依从风俗而行。所以最初的道德标准,就是风俗,就是他律的。这标准的成立有何目的,大众既莫明其妙,于是或认为神意。宗教家就依据风俗,附以神秘的色彩,成为宗教的教义。主张以教义为标准的,为“神权主义”。迨社会内既构成国家,主权者具有强大的权力,于是依据风俗教义,附以主权者的意志,成为国家的法令。主张以法令为标准的,称为

表6 伦理学的诸主义

- 诸主义
  - 他律主义
    - 神权主义
    - 国权主义
    - 圣人主义
  - 自律主义
    - 直觉主义
      - 知觉的直觉主义
      - 理性的直觉主义
    - 目的主义
      - 快乐主义
        - 利己主义
        - 利他主义
        - 功利主义
      - 合理主义
        - 禁欲主义
        - 制欲主义
        - 自然主义
      - 完成主义
        - 个人的完成主义
        - 社会的完成主义
        - 普泛的完成主义

"国权主义"。其后宗教政治的权力过于专横,致渐渐失坠,社会中的先哲依据风俗、教义、法令,取其所长,舍其所短,成为德教。主张以德教为标准的,称为"圣人主义"。此种他律的道德标准,皆有权力随于其后;服从的为社会所赞许,违反的受社会的非难或制裁。所以他律主义亦称"权力主义"。德人淇尔希曼(Kirchman,1802 ~

1884）即主张权力为伦理的根柢，以为伦理行为的动机为尊敬心，而尊敬心的对象为权力，颇与孔子所谓“君子有三畏：畏天命，畏大人，畏圣人”之言，及“小人无所忌惮”的论旨相合。他如英人霍布斯（Hobbes，1588～1679）、荷人斯宾挪莎（Spinoza，1632～1677）的伦理说，亦为权力论的一种；以为人类欲维持和平幸福的生活，不能仅持自己一人之力，必组织团体，让其自己权力的一部，设定主权，服从主权者的权力，以达其目的。此等权力论的极端，几以为不附有制裁时，道德上殆没有是非的差别可言。当社会的道德律破坏以后，各个人任情纵意，颠倒黑白，非圣诬法，无所忌惮，非持权力论殆不足以挽救时弊。现时主张“以党义治国”，“一切权力归于党”，亦由现时经革命的破坏以后，欲求建设，非严守团体的规律，服从团体的权力不可。然他律主义，在道德思想幼稚时代，虽占有势力，人类理智既发达以后，其不能盲从外界的权力，自无待言。且道德既以权力为根据，则吾人将以屈服于权力之故而遵守道德，道德的价值已不存在。所以他律主义的缺点甚多。

反乎他律主义而有自律主义，以为吾人的道德标准，不当决之于权，而当准之于理；不当求之于外，而当返之于心。行为的善恶，惟自己的良心为最正确的裁判者，握无上的威权。故对权力论而言，则自律主义为良心论。然良心何以能判别善恶呢？中西学者对于此问题有种种解答，其大别为二：一为“直觉说”或“动机说”，二为“目的说”或“结果说”。

直觉说谓行为的善恶，不必考察其在外的结果如何，只需就在内的动机，为直觉的判断。此直觉说中，有谓吾人的良心中具有判断善恶的能力，孰善孰恶，不必别求其理由，自能直接认知，如好好色，如恶恶臭，为先天所具有的官能。是为“道德官说”或“知觉的直觉说”。或谓对于各个的行为能一一感知其价值，良心中固无此能力，惟行为的孰善孰恶，其定理或通则，则为吾心所自宗。行为的价值，即可由此自明的定理或通则演绎而定，是为“理性的直觉说”。此外直觉说的细别尚多，不复详述。吾国儒家的良知说，颇与直觉说相近。孟子谓“人之所不学而能者，其良能也；所不虑而知者，其良知也。孩提之童，无不知爱其亲也；及其长也，无不知敬其兄也”。这就是孟子所倡导的良知说。其后明儒王守仁更提“致良知”三字，颇为近代学者所推重。王氏解良知为“本心之明”，言“致吾良知于事物，则事物皆得其理”；又言“良知良能，愚夫愚妇与圣人同，惟圣人能致其良知，而愚夫愚妇不能致，此圣愚之所由分也”。似王氏所谓良知，即指吾人的理性。王氏又提倡“知行合一说”，以为“本心之明即知，不欺本性之明即行”。总之，直觉说于实践上确有效果，吾人决不能谓人类非究明道德原理后，不能管道德生活。因而直觉说于实践上的效果，决不能否应。

然谓吾人的良心中能直接应知行为的善恶，或其定理原则，则为学理上所不能承应。良心中知的部分，即对于善恶的判别，其初受风俗、教义、法令及德教的熏染，亦以外界为标准，良心常居于受动地位。其后,由内部的理性与外界的经验融合为理智以判别善恶,自由自主的良心于是发现。孟子所谓“不虑而知”的良知,不过指事理的比较明确,无须为精密的考虑始能判断者而言。况善恶虽出于主观,亦不能无客观性存在。他人所认为善的,因须经自己的省察;而自己所信为善的,亦不可不待他人的证明。道德上的善,非以我信其为善而善,乃由人人共认其为善而善。若善恶的标准,专凭自己的直觉,其结果易流为“主我主义”,至于刚愎自是,为道德上至大的危险。近代思想界的谬误,原因于此点的很多。因为权力主义的道德破坏以后,没有别的主义以为道德的标准,所以主我主义就猖狂而没有制限了。

行为善恶的标准,既不能求之于主观的直觉,则不得不求之于客观的经验。外界事物,有种种的因果关系;如何原因得如何结果,非经验不明。吾人行为的结果,由屡次的经验,其大部分可以预期。此预期的结果,即为行为的目的。普通成人的行为,概有目的存在;没有目的的行为,可以说是没有的。个个行为,有个个的目的。而且目的以上,更有较高的目的;较低的目的,即为较高目的的手段,成为层级。最高的目的,能统一种种目的,使种种目的皆为其手段。这最高目的,为人生的究极目的,已述于前。目的说就是以究极目的为标准,以适于究极目的的行为为善,违反究极目的的行为为恶。惟何者为究极目的?古来学者,其说不同。大致分为三派:(1)为快乐主义;(2)为合理主义;(3)为完成主义。

以快乐为人生目的。行为的善恶,以其行为的结果为快乐或苦痛及苦乐分量的多寡而定,是为“快乐主义”。此主义中又有种种派别。就中以自己的快乐为目的的,称为“利己主义”;以他人的快乐为目的的,为“利他主义”;以公众的快乐为目的的,为“功利主义”。利己主义即利己的快乐主义,可谓快乐主义中最彻底的。既以快乐为人生目的,则当然以自己的快乐为归决。为自己求快乐、避苦痛,这是动物的本能,人类亦当然如此。征之实际,则生活发展,不受障碍,顺利进行时,常有快乐随伴。若道德不可违反人类的天性,则快乐在道德上的价值,决不能否定。从而蔑视快乐,以享乐为罪恶的“禁欲主义”或“苦行主义”,实可为不近人情;况自道德、艺术、学问而来高尚的快乐,于个人及社会的发展上,有重要的价值。则利己的快乐主义,原不可一概排斥。在西洋伦理学史上,这利己的快乐主义,实发源于希腊的“诡辩学派”及“施勒尼(Cyrene)学派”:皆重现时肉体的快乐,世称为“感觉的自利说”。至德谟颉利图(Democritus,前460~前357)稍变其说,重精神的快乐,以心意恬淡静止为主。伊壁鸠鲁(Epicurus,前324~前270)更阐明其说,以现时肉体的快乐非人生的目的,而以精神的快乐为永久的快乐。曾谓“我但有面包与水,其乐即不劣于上帝”,为西洋著名的格言。世称为“反省的自利说”。近世如英人陆克(Locke,1632~1704)、法人爱尔法修(Helvetins,1715~1771),更广其义,以为人类所以守道德的法则,其动机即在求自己的快乐而避苦痛;所谓道德家,即以图他人的利益为方便，而求自利者。人类有时弃快乐而就苦痛，无非欲得更大的快乐以偿当时的苦痛。德行却为求自己快乐的行为，贤人实为善于取得快乐的人，世称为“道德的自利说”。

我国战国时代杨朱的为我主义和六朝的旷达派中，颇有与感觉的自利说相类似之处①，但人类的行为，以利己为目的，仅属一面的观察。人类最初实无自他的差别观念，惟因刺激而起本能的冲动，故有时亦为害自己而生苦痛的动作。迨心意发达，经验渐多；由自己保存的本能而起利己心，更由种类保存的本能而起利他心。惟前者的发展常较后者为先，故或认利他心由利己转化而来。其实两者同为人性所固有。专以利己心为行为的目的，决非正当的见解。持道德的利己说者，将利他心归结于利己心；就事实言，则吾人的利他行为，固有大公无私，不但不计及自身利益，且常有牺牲自己利益的。或谓道德的行为，以良心的满足为无上快乐。如此，则以精神的快乐为主，其论旨与反省的自利说相同。在精神已发达的人类，决不能仅需肉体的快乐；精神的快乐，诚比较的重要。但除去肉体的快乐，而专图精神的快乐，则名义上虽标榜快乐主义，实际上已与合理主义中的克己主义相同；当更述于后。

---

①日本伦理学家多谓杨朱的学说与施勒尼学派学说相似处甚多，认为感觉的自利说。但按《列子·杨朱》篇所记杨朱的学说，则其为我主义无非全其在己，不徇于外，任自然而乐现在；实为契合自然的一种“法自然主义”，并非以快乐为目的的快乐主义。虽言词的枝叶上，颇有与快乐主义相同处，而其根本上则与快乐主义全异。近李石岑君著《人生哲学》，谓杨朱的学说决不至混有颓废思想，所见极是。

至利他主义，亦称利他的快乐主义，与利己主义立于正反对的地位。其以利他为利己的变形，即以利己为目的、以利他为手段的，不能认为利他主义。但置自己的快乐于度外，牺牲自己的快乐，专图他人的快乐；亦非快乐主义下的利他主义，而为合理主义下的克己主义了。利他的快乐主义，乃为自己的快乐而利他，却因利他而感快乐。故其利他非专图他人的快乐，乃以图他人的快乐而得自己的快乐为目的。盖利他亦出发于本能，在人类尤为发达。自己保存的本能满足时，固感快乐；种类保存的本能满足时，亦感快乐。由利己以达快乐的目的时，为利己的快乐主义；由利他以达快乐的目的时，为利他的快乐主义。爱为这主义的出发点，所以这主义又称“爱他主义”。儒家所谓仁，墨家所谓兼爱，佛教所谓慈悲，基督教所谓博爱，皆大同小异的爱他主义。至法人孔德（Comte，1798 ~ 1857）始倡爱他主义的名称；尝根据此主义，为设立新宗教的企图，称为“人道教”。以人道为信仰的对象，以改革社会为其归宿。其大旨谓“社会的改善，在道德的发展，而道德的发展，在以人类的社会感情打胜其自利心，即以利他心制其利己心。人宜从其人性中最强的要素而行动，人性中最强的要素为情与理，‘加特力’教以感情臣隶理智；新宗教的任务，在救出臣隶于感情的理智，而与感情融合”。这就是孔德的爱他主义的要旨。爱他主义的缺点，在认人性中全为利他心所占有；和利己主义认人性中全为利己心所占有，其缺点相同。利己利他，同为本能。本能满足，均为快乐。仅以利他为快乐，不能不认为单方面的观察。至欲以利他的一方面，打胜利己的一方面，则非快乐主义而为克己主义。所以利他主义往往和克己主义结合。

至功利主义，又称“公众的快乐主义”，以求公众的快乐为人生目的；盖统合利己的快乐和利他的快乐而加以扩充的。利己利他，皆图个人的快乐；功利主义，非个人的而为社会的。这主义在十九世纪初期盛行于英国，而以边沁（Bethan，1748～1832）、弥尔（Mill，1806～1873）、薛知微（Sidgwick，1838～1900）三人为最著。边沁的功利主义，以“最大多数的最大快乐”为标准。彼知快乐随感受的个人而异；甲以为快乐的，在乙或以为苦痛。图公众的快乐，势不能使人人受同量的快乐；故欲从快乐的分量上计算其大小，以为行为的标准，称为“分量的功利说”。弥尔则于快乐的分量上差别以外，更为性质上的差别。认精神的快乐较物质的快乐为高尚；主张弃舍下劣的快乐，追求高尚的快乐。但边沁和弥尔，仍把吾人所以求公众快乐的目的置于求自己快乐之上，无论自己的快乐和公众的快乐未必一致；就是一致，也不过以求公众快乐为手段，达自己快乐的目的，仍然是个人的快乐主义。薛知微乃变通其说以弥补缺陷，把人类所以求公众快乐的原因，归本于理性直觉的命令。求自己的快乐固然是合理的，但不顾别人的快乐，是反乎人类合理的本性；所以吾人须常求人类全体的最大快乐。他说：“如果我们不能依我们的理性抑制我们的行为，就不能增进自己和社会一般的快乐。”所以薛知微的功利主义，是把快乐主义和理性的直觉主义调和而成，称为“直觉的功利主义”，为功利主义的进步。

我国儒墨两家，皆具功利主义的色彩。但儒家并不以功利为道德，而置功利于道德的次位；故谓“太上立德，其次立功”。盖儒者所谓道德，乃斟情酌理而出。吾人只依据道德而行，则不言功利而功利自在；所以道德可以包括功利。若专务主张功利，则或因急功近利而有背理拂情的举动；所以如管仲、商鞅等偏急的功利主义，亦为儒者所排斥。

总之，快乐主义以快乐为人生目的，则无论为利己主义、利他主义或功利主义，终不能不以利己的快乐说为归结。如是，则偏重人性中感情的方面，忽视理智的方面，不能不认为快乐主义中重大的缺点。故主张快乐主义的，往往牵入合理主义，以自圆其说；然其牵入合理主义，即足为快乐主义不能完全成立的证明。

“合理主义”以求合于理性为人生目的，因此常有蔑视感性的倾向；认感性为动物性，惟理性则在人类为特别发达，故认为人间的真性。并以理性克制感性，则人间的道德不能显现。所以合理主义又称“克己主义”。此主义中非常极端的，称为“禁欲主义”；其比较稳健的，称为制欲主义。禁欲主义以享乐为罪恶。自饮食、衣服以至功名利达等欲望，一切排除；不但排除欲望而已，且常故意厄苦其肉体，以锻炼其精神，使得免于眩惑。所以这主义又称为“苦行主义”。持此主义的，在西洋如希腊的“昔尼克学派”（Cynicism），务自刻苦，行乞为生；时人诮其状如穷犬，故译为“犬儒学派”。又如“斯笃克学派”(Stoicism),译称“画廊学派”,承犬儒学派之后,主张禁欲主义,与“伊壁鸠鲁派”承“施勒尼派”之后,主张快乐主义相对峙,为希腊的两大学派。其与犬儒学派的区别,则犬儒学派以破除烦恼为主,为自然的生活;而画廊学派则以锻炼意志为主,为严肃的生活,亦称主义。前者以独为归,为消极的;后者以兼善为志,为积极的。故画廊学派,衍至罗马,人才辈出,为罗马政治及武士道的根本精神。至中世基督教勃兴,以纯洁为事神之道,主限制肉欲;亦有流于禁欲主义的倾向。

近世德人康德(Kant,1724～1804)的学说,把道德的基础立于意志之上,而以理性的意志为出发点;其所谓“无上命法”,就是由理性的意志所命令的,与“假言命法”对立。假言命法所命令的,为达某目的的手段,故常附于某目的的条件下而存在;无上命法,其命令自身即为目的,决不伴有何种条件。其说颇与合理的直觉说相近。但依康德的学说,则人当从无上命法,拒绝感性的要求,依理性而活动。人有依理性而活动的义务;所谓道德,即为义务而行义务。自苦乐、利害等利己的动机而发的感性的意志,当为自道德的义务观念而发的理性的意志所压服,道德始能实现。其说亦颇倾于禁欲主义。在东洋则佛教徒皆持禁欲主义,以破除烦恼为主,为消极的;与犬儒学派相近。我国的墨家,主张“非乐”、“节用”、“形劳天下”,以自苦为极则,亦有苦行主义的倾向。但以锻炼意志为主,为积极的;与画廊学派相近。又我国古来所谓逸民、隐士,如伯夷、叔齐,在殷周间既为世所称述；春秋时如荷蒉、丈人、长沮、桀溺等，战国时如许行、陈仲子等，史册所载，历代均不乏其人。虽未必均持禁欲主义，然甘于贫困，不屈于荣利，往往有苦行主义的倾向。其表面上虽以独善为归，然使天下后世，闻风兴起，顽廉儒立，实具兼善之量；在消极和积极的中间。

至制欲主义，不主张排斥情欲；惟以理性节制情欲，不使其趋于极端。在西洋所谓制欲主义，常与自利的快乐主义结合，成为反省的自利说。如“伊壁鸠鲁派”为持快乐主义的，但注重精神的快乐，以无求自足，保持平静为主；于生存上必要的欲望，常任其自然，不加强制，其他欲望，则须加以压抑。大致与吾国道家相近。道家如老、庄、列诸子，皆以契合自然为主，清心寡欲，固与西洋伊壁鸠鲁派相同。虽道家又厌弃理智，似不能认为合理主义，然彼固认自然为真理，而以契合真理为目的，故亦为一种合理主义。伊壁鸠鲁派欲以理性制情欲，而得高尚的快乐，故其制欲以快乐为主；老、庄、列诸子，则在节制不自然的情欲以契合自然，故其制欲以合理为主。前者以快乐主义为根据，后者以合理主义为根据。惟杨子则以契合自然之故，主张放任情欲，其后推演为魏普六朝的旷达派，以契合自然之故，不为世俗事务所羁绊，不受理法的拘束，径情直行；遂至好游晏，纵声伎，与西洋的施勒尼派相接近。契合自然的生活，本为一种合理主义；其结果乃至与合理主义背驰，成为极端的快乐主义。至我国儒家，亦主制欲；但与西洋伊壁鸠鲁派的制欲主义，从自利的快乐说出发的全不相同。《论语》说“克己复礼为仁”,《孟子》说“养心莫善于寡欲”,宋儒说“存天理去人欲”,皆以抑制不合理的欲望,为修养道德的入手工夫。如男女饮食等合理的欲望,则绝不加以禁阻;惟以相当的礼仪为节制,不使过于放纵,为纯粹的合理主义。专以求合理的生活为目的,非借此以图何种的快乐,故不杂有快乐主义在内。

总之,合理主义是注重理性的,求合理的生活的。极端的合理主义,认情欲为理性之敌,因而排斥一切情欲;不特为人所难能,仰亦违反人性,况情欲为吾人活动的基础;杜绝情欲,则活动消灭,理性亦将失其作用。所以禁欲主义,不能认为道德标准,殆无可疑。但情欲为盲目的,若放任自然,则所得结果,往往与欲求的目的相反,故不可不以理性为适当的限制。以理性限制情欲,表面上虽为消极的,实际上却为积极的。理性与情欲,决非全不相容。吾人所以求合于理性,亦不能不认为一种高尚的情欲。理性和情欲的冲突,实际上不过为高尚的情欲和低劣的情欲间的冲突。当两种情欲间互相竞争时,吾人以合理主义拘束低劣的情欲,使高尚的情欲得有活动的机会与势力。所以从一方面说,为制限情欲;从又一方面说,为辅导情欲。因此吾人从一方面观察,固认制欲主义为必要;从又一方面观察,觉仅仅持制欲主义,犹不免囿于一方面,而不能认为完全圆满。而完成主义不可不立于情理二者之上了。

“完成主义”,乃以人性的全体为其立脚点,建设伦理学说。有个人完成说、社会完成说及普泛完成说的派别。“个人完成说”以自己完成为伦理的目的,希腊亚里士多德(Aristoteles)的学说属此。亚氏谓“万物为质料与形相相合而成。质料为未发状态,形相为完成状态。例如铜像,其初为铜,即质料;既成则为像,即形相。人类以动物精神为质料,以理性为形相;和范铜作像无异”。其说与告子“以人性为仁义犹以杞柳为杯棬”的学说相合。盖告子以食色为性,故其所谓人性,即亚氏所谓动物精神。把动物的情意,范以理智,则完成为人,亦即以理性制御情意,为成人的手段;与制欲主义殆无择别。惟制欲主义,以制欲为伦理目的;此则以成人为伦理目的,立说稍殊。“社会完成说”,以社会的完成为伦理目的;为一部分社会学家所提倡的学说。以进化为宇宙的原则;若宇宙进化而人类不能随同进化,则不能生存。所以个人的义务,在图社会、民族的进化。社会的生活,有精神生活和物质生活的两方面,个人的义务,即在使此等社会生活的进步发达。至如何使其进步发达,则在分业与互助。现代文明的分化,既极复杂,决不能依赖个人的万能。唯在个人各具有普通的知识,且专门通晓一事,互相交换;则社会的进步发达,即在其中。

以上二种完成说,各有所偏重;若趋于极端,均不免谬误。盖个人的完成说,往往倾于个人主义;认社会、国家及其他制度的存在,不过为个人的方便。故常蔑视国家、社会;甚则如尼采的鼓吹超人主义,以弱肉强食为天则,以权力意志为最高原理,以满足其生活本能为人生真目的,致违反吾人的理性,而成极端的自利主义。社会完成说,又往往蔑视个人;认个人的存在,不过为社会的方便,因而倾于“国家主义”或“过激主义”。至“普泛的完成主义”,不偏重个人,亦不偏重社会。如德人黑格尔(Hegel,1770～1831)及冯德(Wundt,1832～1920)从宇宙精神的发展立说。黑格尔以为古代人类的精神状态,未离自然之手。人类非自始即能自由。自由乃次第发展而得。未离自然之手的人间,唯从其本能,为利己欲所驱使,盲目行动,与动物无大差异。一见虽若自由,实为最不自由者。由此发展而为意识,至认知自己的自由;更进而认知他人与自己有同样的自由。于是以自己限制自己,生服从“自己以上之力”的倾向。古代人类的精神,为主观的精神;而所谓“自己以上之力”则为客观的精神。客观精神的发现,先为法律,次为道德。法律制限自由,然非束缚自由;乃立平等的自由,使真自由得以实现。道德的表现,为家族、国家、社会,皆各个人精神的统一体,即精神自由关系的实现。冯德氏以社会为有个人生活以上的生命者。社会精神的进化,为道德的目的。各个人的精神,当互相交际而为社会生活间,渐次倾向社会精神;而使自己的个人精神与之一致。道德的标准,即在图理想的社会精神之进化。又,如柏格森、詹姆士等,则以人格的唯心论为基础,倡“人格实现说”。所谓“人格”,即社会的自我;所谓人格实现,从一方面说,为自己完成,从他方面说,为图社会的进步发达。所以人格实现说,实包括个人完成说与社会完成说,使融合为一。

此人格实现说分二派:英人格林(Green,1836~1882)以绝对的唯心论为基础,即以人间以上之绝对的精神(即神)为出发点,为神本主义;至柏格森、詹姆士等,则以人格的唯心论为基础,却以实在的人心为出发点,为人本主义,实为伦理学说中最进步的。绝对的唯心论,以个人的精神为“绝对的精神”之部分的发现,从而以个人为绝对者之傀儡,不能为道德行为的原动力。人格的唯心论,以为吾人所最易明白者为自己之心;至于神之心,则固非吾人所得而思考者。吾人各自所作对于神的观念,究非神自身之心;不过从人之心出发而作成者。吾人所直接得知者,却为自己之心的作用,即所谓“自我”,乃主观上的“自我”,在客观上即为“人格”。人格不止一个,实为多数存在;此多数人格,可由一个经验的实在人格类推而知。且此多数的人格,非各各为孤立的存在,而成为一个社会生活。故人格为社会的自我。人格实现说,即以完成社会的自我为主。人格是渐次发展的,一方面为自我发展,一方面即为自我牺牲。自我发展和自我牺牲,一见似乎很矛盾的。吾人所谓伦理问题,实际上无非自爱与他爱的冲突问题,即自我发展和自我牺牲的冲突问题。自利主义者,谓为社会而牺牲自己,不过为自己利益的一种方便;合理主义者,又谓自己的感情欲望不可不否定:两者各处极端,若以社会的自我,解释人格,则此问题自然冰释。即自我发展与自我牺牲,决非两事。吾人平日劳心劳力,以供给社会,无非牺牲自我,亦无非发展自我。幼稚时代的自我,牺牲甚少,不足以维持个人的生活,有待于他人的辅养。其后逐渐发展,由个人的自我,发展为家族的自我、乡里的自我、国家的自我、世界的自我、古往今来的自我;大我逐步发展,小我逐步牺牲;理想的自我逐步实现,习惯的自我逐步消灭。这种人格的实现,就是道德上的善。

以上所述种种目的主义,以人格实现说较为进步。但往时的伦理学家,皆认这种主义或学说为人生究极目的;似乎吾人的生活,就是为了某种主义或学说而生活。其实吾人的生活,是盲目的,就是没有目的的;生活为自然所具有,不是为了某种目的而生活,不过已经生活以后,就有生活意志以发展其生活。这生活的发展,是一切生物所同具的意志。生物的一切动作,都是从这意志出发。意识明了的动物,意识中现知情意等种种心意作用。人类的心意作用,尤特别发达。情从主观方面,导引意志;知从客观方面,导引意志。吾人的行为,或为感情所导引,而以快乐为目的;或为知识所导引,而以合理为目的;或以心意的全体为立脚点,而以完成为目的——其实此种种目的,皆附于生活意志之下。因生活而快乐,非因快乐而生活;为生活而合理,非为合理而生活;以发展其个人和社会的生活,而求个人及社会的完成,非以求个人及社会的完成,而发展其个人和社会的生活。所以论人生的究极目的,当然为生活的发展;而伦理学中种种的主义或学说,不过为人生究极目的下较为接近的目的。惟人生的究极目的,即生活的发展,乃必然的目的,而非当然的目的。必然的目的,其目的自身无善恶的价值可言;当然的目的,乃出发于吾人的理想,以求合于必然的目的,故可以必然的目的为标准而评定其价值。上述诸主义,乃当然的目的中最高的目的,即伦理学上所谓至善或最高善(Highest Good)。我们可以说:生活的发展,为人生必然的究极目的;而人格的实现,为人生当然的究极目的。

四、人生的本务和德

人生必然的究极目的,既已认知;于是立当然的究极目的,即至善,而求其实现。这实现的行为,称为“本务”(Duty)。至善属于理想,本务则在于实行。理想而不能实行,是成为“空想”;所以道德尤重在实践。本务的意义是就行为言。吾人的行为,从至善的理想出发时,却称为本务,本务含有当为的即不可不为的意义。吾人既生而为人,即不可不尽此本务。不论自己的情意如何,必须实行;这是本务的绝对性。又不论知识程度如何,亦无老弱男女的关系,无不各有其本务;这是本务的普遍性。在常识上对于本务的观念,分为二类:一为确定的本务,即不可不为的本务,例如不可盗物,不可杀人;为确定本务。二为不确定的本务,如慈善事业等,其行为与否,可以随各人的情意;是为不确定的本务。但在伦理上观察,则此种常识,不能认为正当。伦理上所谓本务,皆为确定的。如吾人皆有应其财产与境遇为公众尽力的本务;关于金钱,有不可不依理想而处置的本务。若对于公众的利益漠不关心,而以金钱为非理想的耗费，怠道德上的本务时，即为道德上的罪人。本务亦通称“义务”。义务有法律上的意义与伦理上的意义。其伦理上的意义，即称本务。法律上的义务和伦理上的本务，其最著的差别，即违反法律上的义务时，有国家的或国际的公权，从外部加以制裁，责其履行，或加以惩罚；若违反道德上的本务时，只有内部良心的制裁，或伴以社会的非难，除了自然的惩罚，如衣食住不卫生则生疾病，消费不节制则成贫困等以外，并无外部权力加以制裁。所以本务的绝对性和普遍性，均是从良心上出发，不可误解为从权力上出发的。又法律上的义务，只以现于外部的行为为止；内部的动机如何，置诸不问。道德上的本务，不仅以外部行为为止；内部的动机，尤为重要。又法律上义务，大都由法文明白规定；即或有不成文的法律，习惯相沿，亦必有明确的条件，使人遵守。至道德的本务，虽亦与社会的习惯有关系，但没有明确的条件。古代伦理学家，或列举若干项目；如吾国所谓五伦等，亦不过就重要的本务为大略的指示。现代伦理学家，对于本务为种种的分类，其中较妥当的分类法，列表如下(见表7)。

本务的种类，随社会的进步而增加，其内容亦随社会的进步而更变。在未开人类，大都仅有对于家族、神道的本务；及自觉的进步，社会生活的切密，始认知对自己及对社会的本务。又在私产制度时代，尊重他人人格的本务中，尤以尊重他人所有权的本务为重；若在没有这制度的社会，这本务自不存在。人类的理想，时时变迁进展，即本务亦时时变迁进展。其变迁急激时，旧道德既受摧残，新

表7　本务的分类

- 本务
  - 对自己的本务
    - 自己保存的本务
      - 身体的摄养
      - 财货的节俭
    - 自己发展的本务
      - 身心的活动
      - 精神的修养
  - 对社会的本务
    - 对个人的本务
      - 特殊
        - 父母……孝敬
        - 子女……慈爱
        - 兄弟姐妹……友爱
        - 夫妇……和爱、贞洁
        - 师长……敬信
        - 朋友……信义
      - 一般
        - 尊重人格
        - 互助
    - 对团体的本务
      - 勤勉公职
      - 协助公益
      - 贡献进步

道德尚未成立；道德界一时呈混沌现象，使人无所适从。所谓过渡时代，实为社会中危险时期。此时指导民众，明其本务所在，实为伦理学者的任务。伦理学在实际生活上收着大的效果，即在此时期。

总之，各人的本务，随各人所处的时地而殊。例如孔子处列国纷争兼并僭窃时代，以尊王室、从周礼为本务；若在今日列强环伺、国弱民贫的时代,则当以团结民族、巩固民权、发展民生为本务——这就是时代不同的关系。又如有资本者当利用其资本,以开发生产为本务;劳动者则以勤勉于职务,增进其工作效率为本务——这就是地位不同的关系。若不审察自己的所处的时代与地位,认明其本务;或急进而涉于轻躁,或守旧而至于落伍,或以学生而仿效政客,或以工商业者而模拟官僚,其结果必自误其人格,而贻害于社会。况同为本务,往往轻重不同,当先其重者而后其轻者;若两者不能兼顾,则当取其重者而弃其轻者。但孰重孰轻并无一定的方式可以决定其价值,当随各人的良心,自行判别。若同时有两个本务,不能判别其轻重,而不能不实行其一,至于狐疑不决,现左右为难、进退维谷的状况,古代学者称这为本务的冲突,但从严密的意义说,实非本务的冲突,而为本务认定的困难。我国儒者,修养学识,于此等处最为注意。必须斟情酌理,揆时度势,审经量权,折中至当。中庸所谓"时中",即大学所谓"至善"。吾人除认定本务以外,更无本务以上的善可言。通常以有功绩的行为,为本务以上的善,全属常识的见解。在伦理学上则吾人当择其至善者而行,为吾人的本务。若吾人所认为本务的行为尚非至善,本务以上尚有更善的存在,则其为善既有未尽,即其本务尚为未完。故本务以上的善,决不存在。至于功绩的意义,乃表示社会的价值,自客观方面成立。在主观方面,无认自己的行为为功绩的权利。无论在社会方面有若何的价值,在主观方面,只能认为本务罢了。

吾人平日实行其所认定的本务,以实现其理想的目的,积久而成为习惯,即称为德(Virtue)。“德者得也”(《礼记·乐记》),谓获得的习惯。其广义包善恶而言,故“秽德”、“凶德”亦称为德;但本义的德,则专指善的方面。本务为善的行为,德即为善行为的习惯。又德的本义亦有广狭。广义的解释,无论为根本于个性的善良倾向,或由教育修炼的结果,以自己的意志有意作成的;或由环境的关系,于不识不知间养成的;一切善良习惯,均称为德。狭义的解释,则根于个性的特殊倾向及成于无意识的习惯,均不列于德中。唯以自己的意志有意作成的善良习惯,方称为德。希腊古哲以知识为德。苏格拉底(Socrates)倡知德合一论,以为“德之不修,由于知之不明;有真知者必能实行”。又有以德为属于情的;吾人所谓“好善乐善”,也含有情的意味。但德虽含有知和情的要素,而意志的要素,实为德的中心。仅有知识或感情,尚不能成立为德;德固以知识感情为基础,而德的成立,必须有已往的经验和现在的努力。正如艺术家的艺术,必须有熟练的技能与实施的工作。仅有实施的工作,无熟练的技能,则其工作固不能成为艺术。即有熟练的技能,而无实施的工作,则其技能亦不成为艺术。德为善良的习惯,这习惯即并从来的熟习与现时的复习而言。至德和品性,均为行为的习惯;因观察方面的不同,故名称亦异。自其存于心意的方面而言,称为品性或德性;自其现于为的方面而言,则称为德行或德。又品性或品行,皆就其属于个人者而言,若离去个人的属性,即为德性或德行。如云品性温和或品性严正,必有所属的人;如但云温和或严正,则为一种的德,不必有所属的人了。又品性为个人所备诸德的总称,而德则为各人品性中一局部的抽象。如云某人品性温和、某人品性严正,皆于其整个的品性上所下的观察与评定。温和与严正,乃其品性中主要的德,可以代表其品性者。一人只有一个品性,但一人可以备种种的德。如《论语》所记"温、良、恭、俭、让",及"温而厉,威而不猛,恭而安",为孔子所备的诸德;《尧典》所记"钦明文思安安,允恭克让",为帝尧所备的诸德;《舜典》所记"浚哲文明温恭允塞",为帝舜所备的诸德。德的项目,称为"德目"。如《中庸》以仁、智、勇为三达德,孟子以仁、义、礼、智为四端,邹衍以仁、义、礼、智、信为五德,皆为重要的德目。西洋自苏格拉底倡知德合一论,柏拉图继起,以智、勇、节制、正义为四元德:理性明澈为智,意志服从理性为勇,理性裁制情欲为节制,知情意调和为正义。至中世纪更立信(信仰)、望(希望)、爱为神学的三大德,与四元德对立。今日伦理学中德的分类,有心理的标准、境遇的标准二种,列表如下(见表8)。

德的种类,随社会的进步而增加,其内容亦随社会的进步而更变,与本务相同。当社会组织简单时,德的种类亦较简单;大抵仅存于个人与个人的关系间。至社会组织次第复杂,德目亦次第增加。于对个人的德以外,更发生对团体的德。且同一德目,内容亦随时不同。如忠的古义为忠实,原为对一般个人的德;后世以忠为臣道,为臣民对于君主的德;在现时民主政体下,又以忠于国家为国民对于

表 8　德的分类

- 心理的分类
  - 知的德……知慧、真实等
  - 情的德……仁爱、同情等
  - 意的德……勇气、克己、忍耐等
- 境遇的分类
  - 自己的德
    - 身体的摄养……清洁、有规则等
    - 财货的节俭……节约、整理等
    - 身心的活动……勤勉、精细等
    - 精神的修养……恬静、谨饬等
  - 社会的德
    - 对个人
      - 特殊
        - 父母……孝敬
        - 子女……慈爱
        - 兄弟姐妹……友爱
        - 夫妇……和睦、贞洁
        - 师长……敬信
        - 朋友……信义
      - 一般
        - 尊重人格……礼让、廉介等
        - 互助……同情、宽恕、忠实等
    - 对团体
      - 勤勉公职、协助公益、贡献进步……忠爱、弘毅、团结等

国家的德。他如孝、悌、贞、节等德，其内容在现时正次第改变。欧洲古代所谓勇德，专指武勇，为男子的德，应用于战争；至近代则克己忍耐等，亦认为勇德，不专属于男子，在妇女亦认为必要。此外因国家、地方、民族的关系、风俗不同，德目自异，更无待言。盖至善、本务与德

三者，互相关联。至善的理想稍有变异，本务及德自然亦随伴变异。有变异斯有进化；除必然的究极目的以外，无亘古不变的事物。然至善的理想，即当然的究极目的，以契合于必然的究极目的为主；必然的究极目的既亘古不变，则当然的究极目的，于变异中仍有不变的存在。虽当变异剧烈时，一时有失其依据的状态，但不久必即于安定。故至善的理想，谓其有变异则可，谓其无可依据则不可。吾人当依据至善的理想，随时随地衡量审察；认明本务，躬行实践：习熟以后，即成种种的德。品性因此确定，人格亦由此实现了。

至修德的方法，自然以发展理想、认明本务为要；而力行本务以实现理想，尤为入德的门。前者古人谓之知，后者古人谓之行。知属于智的作用，行属于情意的作用。

关于智的修养，即大学所谓致知，其工夫可分为二方面：主观的方面为思考，客观的方面为经验。思考与经验的对象：一为一般的，如理化现象、生活现象、精神现象、社会现象等，即宋儒所谓穷理；二为特殊的，如现在的时势，自己的职业地位、性能及应付事物的种种方法，古人谓之思义。这种致知工夫，在积极方面，固以发展理想、认明本务为主：但尤其在消极方面用以辨明迷误、祛除诱惑最为得力。古人谓之辨惑。世俗之人，往往贪财货、慕权位，造成种种罪恶。究其原因，皆由于知识的迷误而起。财货虽为生活所必需，然正当的生活所需要的财货，自有相当的限度。若积聚过多，使其生活流于奢侈，或耽于安逸；此等生活，在世俗固甚为羡慕，以为非常快乐。殊不知实际上享受此生活者,快乐少而苦痛较多。膏粱美酒,偶然尝试,固胜于家常便饭;然餍饮饱醉之后,身体精神上受种种障害,决不如家常便饭的舒适。安居逸处,在劳苦工作后得此,大足慰借身心;然日常如此,则活动停止,决非生人所能堪,必将大起厌倦而寻求活动,甚至借赌博、烟酒以资消遣,但总不如正当工作的快乐。至权位的大小,实与人格无关;吾人苟有相当的职业,只需各人自尽其本务,即成完全的人格。自政府官吏至都市的工人、乡村的农民,皆为社会的一员,贡献其劳力于社会,无大小高下的区别。若夫凭权借势以欺压他人,表功矜能以夸耀侪辈,均为道德上的罪人,何足羡慕。

至情的修养,在使情的作用圆满活泼,即大学所谓正心。因为吾人的感情,容易偏执。当某种强烈感情奋兴的时候,心意的全体均为这感情所占有,受其驱使;他种感情,尤其是反对的感情,悉被排斥,不得阑入。必须这种感情渐次沉衰以后,他种感情方能渐次发生。且因某种感情屡次奋兴的结果,容易酿成习性;稍受刺激,却复奋兴。这种奋兴的状态,在特别环境中,虽亦为发展生活所必需,但与普通的环境不能适应,不是心意的常态。《大学》说:“有所忿懥……恐惧……好乐……忧患,则不得其正。”所以正心的意义,在使感情保有和平宁静的常态,圆满活泼,无偏倚与执着。其修养的工夫,一曰“存心”,一曰“养性”(见《孟子》)。存心就是收敛精神,不使逐物在外。孟子谓“求其放心”,也是这个意思。宋儒主“居敬”,以“居敬”与“穷理”并重。主一无适为敬,主一就是收敛精神,无适就是不逐物在外。敬的反面为肆,有放纵的意义。纵情的结果,就是逐物;受外界的驱策而有所偏著了。敬虽就精神上说,但身体的姿势态度和精神有关系。正衣冠,尊瞻视,精神自然严肃而不至纷扰。但此种姿势态度,容易疲劳而不能持久。所以宋儒又主张“静坐”。程明道说:“静坐时便养得本原稍定;虽不免逐物,及自觉而收敛归来,也有个着落。”(见《朱子语类》)盖静坐也可以收敛精神的,敬在提摄精神,静则在宁息精神;方法不同,而其防止精神驰骛的效用则同。但精神固不能长时提摄,亦不能长时宁息;故敬与静只能于相当时期中,为间歇的修养。在日常生活中,只能随时防止情欲的过度奋兴。孟子说:“养心莫善于寡欲,其为人也寡欲,虽有不存焉者寡矣;其为人也多欲,虽有存焉者寡矣。”可见寡欲是存心的入手方法。“养性”与“存心”,也是方法不同而效用相同的。存心是使精神不逐于物,养性却使其精神寄托于物。如焚香扫地、种竹栽蔬、莳花养鸟、游山玩水、吟诗读画之类;或为适宜的劳作以运动肢体,或养成高尚的美感,皆足以愉快其精神而祛除纷扰。然托物怡情,不可以心役物;否则成为一种嗜好或性癖,无益有害。

至意的修养,首在“立志”,就是立定向善的决心。意譬如轮船舶上的推进机,使船前进的;志譬如舵,立定方向使船依某方向前进。没有舵的船,推进机虽如何动作,决不能达到目的地。所以修德第一步在乎立志。其次为“养气”。气就是意志的努力;养气的工夫,就是“毋暴”和“毋馁”。暴是努力太猛,馁是努力太弱。孟子说“持其志毋暴其气”,因为吾人的行为,以达目的为要;若用力过猛,往往不能适合目的了。孟子又说:“其为气也,配义与道,毋自馁也……行有不慊于心则馁矣。”所以养气的工夫,就在平时认明本务。依本务而行,心中无所愧怍,临事自不至怯懦了。以上皆积极的方法。至于消极方面,则在“反省”与“改过”。随时把过去的行为,细心检察,是否合于人生目的,对于本务有无缺欠,所知的是否谬误,所行的有无太过或不及之处。若检出过失,可以补救的当随时补救;并自省其所以过误的原因,以后更注意矫正。人孰无过,但能逐渐寡过,即为进德;若文过饰非,或怙过不改,自欺欺人,罪恶即由此丛集。此等积极的或消极的修养方法,虽皆赖自己的努力,但他人的辅助,如父兄、师长的教导,朋友的熏陶,贤哲的指示,均不可缺。所以亲师取友,及留意古人的嘉言懿行,于人格的修养上效力殊大。兹更列表示修德的方法于下(见表9)。

表9 修德的方法

- 方法
  - 自己努力
    - 积极的
      - 知的方面
        - 致知——穷理、思义
        - 辨惑
      - 情的方面
        - 存心——居敬、静坐、寡欲
        - 养性
      - 意的方面——立志、养气
    - 消极的——反省、改过
  - 他人辅助——亲师、取友、留意古人嘉言懿行

结论

人生问题和人生观

一、人生问题及其答案

人生哲学不是专门研究人生问题的学问;但是解决人生问题,当然是人生哲学的任务。人生问题是就吾人一生涯中为通体的观察,而问吾人的生活有什么价值;已于绪论中述其大略。有人说:"这个问题似乎没有意义"。因为吾人的生活,即所谓"人生":从先天说,是自然具有的,不是人类自由的行为;不能为评价的对象;从后天说,则各人的价值,各从其一生的行为决定,不能把全人类的行为,作笼统的评判。这几句话,都是从伦理学上观察;则人生不能成为问题,原属不误。但世界人类中,除未开人类或智识程度极低的人,醉生梦死,没有自觉,因而没有人生问题外;凡思想已发达至一定程度的人,无不有人生问题横据胸中,要求解答。究竟这问题有什么意义呢？一是把人类的生活姑认为人类自由的行为，而问其有无价值。二是把全人类的行为姑认为一个行为，而问其有无价值。对于一个自由行为而评定其价值，是伦理学的任务；对于全人类的生活而评定其价值，便是哲学的任务了。这问题中所谓价值，仍然以人生的究极目的即生活的发展为标准。人类的生活，若是善的，就是合理的且快乐的，和发展生活的究极目的相合，那么这生活就有价值；若是恶的，就是不合理的且苦恼的，和发展生活的究极目的不合，那么这生活就没有价值。向来对于这问题的答案，只有两个。一个答案说："人生是没有价值的"；一个答案说："人生是有价值的"。前说谓："人类虽以发展生活为究极目的，但实际的生活，却处处受压迫，无非以矛盾、苦恼终其一生；现实世界中充满罪恶，最高善的理想无从实现。"这种见解，称为"厌世主义的人生观"，略称"厌世观"。后说则谓："现实的世界实为圆满的世界，一切事物，皆率自然的规则而行动，其结果自然达到圆满的境域。"这种见解，称为"乐天主义的人生观"，略称"乐天观"。

凡是有思想的人，无不随其已往的经验、现在的环境、现代的潮流，与夫各人的教育程度、生理状态等，构成各人的人生观。这人生观虽各人不同，然就大体而论，不倾向厌世观的，便倾向乐天观。但若依据人生哲学以解决人生问题，则这两派的人生观，都是消极的人生观，不是积极的人生观。厌世观以人生为无价值，其消极固无待言；即乐天观以人生为有价值，其结果亦将使人生放任自然，无努力以发生价值的必要，而仍归于消极。人生哲学对于人生问题的答案，全为积极的而非消极的。人生的矛盾和苦恼，现实世界的罪恶，诚属事实，不能否认。但解除矛盾，减轻苦恼，抑制罪恶，全赖吾人的努力。就吾人从前的生活上观察，已证明此努力的有效。吾人当确信努力的结果，有发展人生的可能。本厌世的苦心，抱乐天的希望，以最高善为理想，以永久努力为本务——这种人生观，称为"改善主义的人生观"，略称"改善观"，就是现代人生哲学的人生观。兹更将三种人生观更为评论于下。

二、对于厌世观的评论

吾人的厌世观，概为生活被压迫而起。压迫吾人生活的，可分为二方面：一为自然的，一为人为的。如天灾、地变、毒蛇、猛兽、疾病、死亡等，皆属自然的恶；一切宗教，即因吾人对自然的恐怖而发生。至人为的恶，更较自然的恶为剧烈。国际民族间的战斗，杀人盈城，横尸遍野；世界人类的历史，几每页均以鲜血渲染而成。加以经济上的凌轹，性欲上的争竞，与夫一切因知识的差违、感情的反拨而起意志的冲突，因而杀人、自杀、犯罪、病狂，致损失生命的，平时亦几与战时无异。人类最大的仇敌，即为人类。这种世态，自古迄今，未尝稍变。虽有许多宗教家、政治家、道德家、教育家欲竭力挽救，不但毫无效益，且因宗教而起宗教战争，因政治而起政治战争，道德立而压制益严，教育广而竞争愈烈，直与抱薪救火无异。迄于近世，生活困难益甚。自然的方面，因人口增加的速度超过生产增加的速度，马尔萨斯的定例，是不能违反的。人为的方面，因机械工业的勃兴，劳动者生产的地位尽被占夺；大多数因失业而濒于饥饿，其少数受佣雇于资本家，借佣给以度日。物质的生活既甚恶劣，精神的生活又因人智开发的结果，把往昔守分安命的宿命观，重内轻外的“超苦乐观”，守田园、长子孙的“家族主义”，则古昔、称先王的“古典主义”，尽行打破；主我的倾向日强，人人抱突破外围的意气，事事取反抗现状的态度。憬憧于胸中的幻影，为无限制的自由。此内发的冲动，更因外诱的刺激而益益强烈；若工艺品的华丽，炫耀于市场；异性间的挑拨，显呈于衢路；理想的快乐与现实的苦痛，乃为极端的矛盾。现世的悲哀，遂为新时代特有的产物。因生活困难而否定生活的价值，这是必然的途径。

吾人更从哲学的历史上考察，则人类的厌世观，概有绝对的和相对的差别。绝对的厌世观认现实世界的罪恶，是永不能免除的；人类的努力，是毫无效果的。相对的厌世观，对于现世界的罪恶，虽抱悲观，然欲赖人生的努力，使其逐渐减免消除，具有改善观的倾向。就我国言，儒墨两家，皆积极的以求世安民为职志；固由对现世界的罪恶抱悲观而起，然皆承认此世界可由人类的努力，以致于至善的境域。至道家以契合自然为主旨，排斥人为，否认行为的价值；其消极的主张，固出于对现世的悲观。然彼却承认自然为美善；吾人只需取法自然，不假人为，则人生的价值自然存在。儒墨两家重人为,主张以积极的手段追求世界将来的美善;道家重自然,主张以消极的手段恢复世界本来的美善;都不是绝对的厌世观。吾国民固有的思想中,殆没有绝对的厌世主义。

就世界言,印度的佛教,以灭除我执、超越苦乐、成正觉、入涅槃为主旨。小乘派佛教,认众生的存在为虚幻,主张戒行自净,由坐禅冥想以达于最后的寂灭。其灰身灭智,固出于绝对的厌世观。大乘派佛教,亦以众生为虚幻,但认绝对精神的实在。不满于小乘派的消极,常向着济度众生的理想进行,自救并他救,和一切众生,俱成佛果,较小乘派为积极。然其所谓济度众生,无非使众生觉悟其生活的虚幻,由解脱以入于涅槃;其否定人生,出于绝对的厌世观,与小乘派殆无差别。西洋思想家主张绝对的厌世观者较少。希腊思想及罗马思想,大概是乐观的。基督教以世界为全知全能全善的神所创造,则世界自不得不为至善者;其根本亦为乐观的。至叔本华始主张绝对的厌世观,然其论旨实原于佛教。论者乃谓绝对的厌世思想,不产于欧洲;惟此种论据,殊不确实。欧洲在希腊、罗马时代,实已有一种绝对的厌世思想潜伏于乐天思想的后面。如希腊诗人索福克来司(Sophocles,前496~前406)谓"无生最适于理;既生以后,可采的最良策,惟有归于来处"。史家蒲鲁达哥斯(Plutarchus,46~120?)谓"人生为一种的罚;人间的大祸,即为生落于斯世"。这可为希腊时代绝对的厌世思想的代表。移于罗马,此思想更倾于剧烈,这样的言论更多。哲人色纳嘉(Senoca,前4~公元65)谓"人间社会与猛兽社会无异”，至以“自杀为人类最善的发明”。当罗马末造，自杀流行；文人、哲士、贵族、富豪，往往有鼓吹自杀或实行自杀的。以“自杀为人类特有的权利”（动物不能自杀），以“死为最安全的避难所”。及基督教流行，乃认自杀为罪恶，实由矫正此时的恶习而起。基督教以人类为获罪于上帝者的子孙；其天国的理想，全以现世界充满的罪恶与苦恼为基因。提倡信仰与博爱，承认吾人可由此免除罪恶与苦恼而入于天国。其抱有改善观的成分，似和吾国儒墨两家相同。惟儒墨两家，欲致斯世于美善，为入世间的；而基督教则欲求美善于另一世界，为出世间的。与佛教相同。至叔本华始以康德的泛意论与佛教的寂灭论结合，构成厌世哲学；彼以“无生物间相互的作用，及生物的生长生殖，无非宇宙意志的发现，由此意志为盲目的努力，胜利后更求胜利，成功后更欲成功；于是烦恼复烦恼，苦痛复苦痛，不知所止。即使有一般脱却苦恼的时候，苟生命继续存在，苦恼即次第发生。以此根本思想观察世界，则世人欲于现世中求幸福，实与追空逐幻无异。若吾人欲得永久的幸福，非绝灭意志否定自我，即入于‘绝对无’的状态不可。此即佛教所谓‘涅槃’，非入涅槃，不能脱离苦恼。但入涅槃，非有天才如释迦牟尼者，殆不可能；所以人生永为悲惨的牢狱，为泪的溪谷。这种种厌世的哲学，虽受佛教的影响居多，但也是代表西欧近代思潮的一方面。其后德人哈特曼（Hartmann，1844 ~ 1906）谓人生苦多乐少，诚如叔本华所论。但世界决非盲目，乃向至善的目的进步发展不已”。称为进化的厌世观(Pessimistic Evolutionism),其根柢上已转为乐天观。

我们以为相对的厌世观,在既具有理性的人类,大概是不能没有的。世界种种罪恶、种种苦恼的现存,为明白的事实。所以相对的厌世观,我们不能不认为具有真理。惟绝对的厌世观,因现世罪恶和苦恼的存在而否定人生,欲绝灭意志以求永久的幸福;无论违反理性,亦且为情意所不容。佛教所谓涅槃的境界,全属于非科学的空想。叔本华在思想上为具绝对的厌世观者,但当霍乱流行时,犹以避疫而去柏林;然则彼固非能实行其主义者。若吾人沉溺于印度人的空想,而又有罗马人实行的勇敢,则一切人类,皆将至于自杀。世界不存在,则罪恶与苦恼、自然一齐消灭。如此绝对的厌世观,不过人类中过激的感想、游戏的理论罢了。叔本华既认吾人的意志为宇宙意志的一部分,而又欲绝灭意志以得永久的幸福。就现代心理学考察,其思想实属谬误。盖吾人因意志存在而感苦乐,即意志受阻碍时感苦恼,而意志遂达时则感快乐。苦乐相寻,有苦然后有乐;犹有饥然后有饱。故有乐无苦,即所谓"永久的幸福"云云,在心理上实无此境域。若绝灭意志,似乎苦乐俱不存在;虽无所谓幸福,亦无所谓不幸。实则意志受永久的障碍,即永久沉沦于苦恼不幸之中;认为幸福,殊属大误。

三、对于乐天观的评论

乐天观也有种种差别,大致可分为消极的和积极的两派。通常所谓乐天观,即认现实世界为美善的;可以希腊赫拉颉利图(Herakleitos)的思想为代表。彼以现实世界中唯一最高的存在,为“神的理性”(Logic)。现实世界的森罗万象,悉为“神的理性”所支配。因而我等世界,自然归于调和圆满的境域。西洋古代思想中关于乐天观的一方面,概以此见解为基础。较之厌世观,似具有积极的倾向。然既认世界为美善完全,则吾人即无努力的必要,其结果亦为消极的。且现实世界的罪恶和苦恼,究为事实上不能否认;此世界既为“神的理性”所支配,何以仍留此缺憾于此世界中?持乐天观的,对于此问题不能不加以答辨,于是由此问题推演,而为斯笃克派新柏拉图学派以及多马(Thomas,1225~1274)、莱布尼兹(Leibniz,1646~1716)等“辨神论”(Theodrey)。大旨谓“现实世界的罪恶与苦恼,诚不能否认,然不能因此而断为人生的不完全。吾人道德的行为,因受此等妨害,完成较为困难,但由困难而完成的道德,却更为高贵。若吾人的品性,可以不待修养而自然完成,则反不是尊重。所以罪恶和苦恼,不过为吾人生活向上的过程中,使吾人完成的有力要件”。其论旨已转于积极的倾向。更由此等辨神论推演为黑格尔等的“发展说”(见前),遂综合而为哈特曼所倡的“进化的乐天观”(Evolutional Optimism)。在哈特曼自称为“进化的厌世观”(见前),但世人以其根柢上为乐观的,故称为进化的乐天观。

此种乐天观,认世界的全体,依生命的努力,向美善的目的进行。吾侪人类,依其理想,向前努力,自渐进于美善的境域。吾人从人类全体进化的历史上考实，可以证明乐天观的真理。其见解完全转于积极。持这种见解的，既努力以追求理想，自不能执滞于眼前的苦乐。于是发生"超越的乐天观"(Transcendental Optimism)，以追求理想为进步的活动；自能与吾人以生活的兴趣，表吾人生活的价值，若人生无理想，即无活动的必要，生活即寂寥无味。这一派的乐天观，可以法人麦尔伯兰基(Malebranche，1638～1715)为代表。其论旨与叔本华的厌世哲学正相反对，凡持积极的人生观的，自不能不以超越的乐天观为基础。惟超越的乐天观，既轻视外界的感觉，注重内在的观念，一方面固足以策励吾人，使为积极的活动；一方面亦足以魔醉吾人，使为消极的安慰。即同一乐天观，可以增益积极的，也可以助长消极的。彼抱绝对的厌世观的，常避世绝俗，悠然以理想自娱；或于观念世界中构成一净土天国的空想，以与现实世界相隔绝；表面上却转化为超越的乐天观。所以超越的乐天观，虽为高尚的人生观，但必须与进化的人生观相辅而行；如车的两轮，鸟的两翼，不可偏用。吾国儒家，一方面抱治平的理想，自强不息，具进化的乐天观；一方面安贫乐道，不骛纷华，又具超越的乐天观。前者用以尽本务，后者用以养品性，常保持积极的态度。若误走消极，即失却人生的价值，便成为迷误的人生观了。

四、对于改善观的评论

改善观亦称为淑世观，为折中于厌世观和乐天观间的人生观。

于厌世观中取相对的厌世观，而排除绝对的厌世观；于乐天观中取积极的乐天观，而摈斥消极的乐天观。所以此人生观为相对的厌世观和积极的乐天观综合而成。若没有相对的厌世观，则对于现世界的罪恶和苦恼漠不关心，人生遂无努力的必要，改善观即无从发生。若没有积极的乐天观，则对于理想的实现，无自信的决心，致否认人类努力的效果，改善观亦不能成立。惟以相对的厌世观，承认现世界罪恶和苦痛的存在；又以积极的乐天观，确信抑制罪恶、减轻苦恼的可能。此种人生观，完全根据于科学的理论与历史的事实；与往时的宗教，出发于非科学的空想者，迥乎不同。

吾人试以公平的眼光，观察世界的真相；则人类生活的发展，较之二三百年以前已不可以道里计。最显著的在自然方面，如水力、风力等，古时常为人类的灾害；至今日均为人类利用，于人类的幸福上已呈多大的效果。生物界中自微小的细菌，以至巨大的猛兽，往时为人类害患的，今已渐绝其迹；其为人类所利用的，则栽培饲养，品类日繁，种性益良。至社会方面，进步亦复不少。古时人类间的团体，较为狭小。对于团体以外的人类，往往互相仇视；即团体以内，亦多以小役大、弱役强为原则。暴戾的态度，惨酷的行为，习见而不以为怪。下层的人民及妇女，受压迫殊甚。现时此等状态，均逐渐解除。国际民族间的关系，虽不能全无敌意，但已较往昔为良好。国内的政治法律，概以平等自由为原则；权贵军阀等恶势力，次第铲除。以血洗血、以齿报齿的人类，已变为患难相恤、疾病相扶的人类。各国政府概励行社会政策，以拯救下层人民。妇女解放，亦到处实行。人类伦理行为的向上，于人类的幸福显有增进。在过去的数百年中，吾人的努力，非无效果。由已往推测将来，则数千百年以后，全世界社会的幸福，必更胜于今日。从前的宗教家，以对于今世的悲观，求幸福于未来世；而以今世的努力修行，为未来世的幸福准备。科学昌明以后，知灵魂不能离肉体而永生，宗教上所谓未来世虽不存在，然社会确能离个体而永存；吾人固将以历史上的未来世代宗教上的未来世，而致其无穷的希望。此种改善的人生观，创于英人乔治 · 伊略特（George Elist，1819 ~ 1880）。英人苏利（Sully，1842 ~ ）继述其说，并与以定义曰："凡信吾侪人类不仅有抑制恶罪、减轻苦恼的能力，并能从积极方面为现在及未来的社会增加幸福及道德的总量，是为改善观。这种种信仰，大足引起人生永久而热烈的努力，宜奉为实践的标准。"其后与进化论结合，成为进化的乐天观，认为乐天观的一派。但进化的乐天观，亦具相对的厌世观。故哈特曼尝自称为进化的厌世观。其实称为乐天观或厌世观，均不免偏著于一方面，不如改善观的名义，较为稳妥。现时多数学者，采用此人生观，已渐归于一致。

总之，改善观本为厌世观与乐天观综合而成。二者综合，则其厌世观固非绝对的，其乐天观亦非消极的。其后更与进化论结合，就厌世方面言，即为进化的厌世观；就乐天方面言，即为进化的乐天观。吾国儒家，本悲悯的深衷，抱治平的理想，其见解亦由厌世观与乐天观综合而成。惟当时未明进化之理，不得不以未来世的希望，托诸往古而致其景仰，把进化的意义，寄存于复古的思想中。今后与西洋思想结合，以主意说与进化论为根据，自强不息，以求现世及未来世的发展；由乱世以致小康，由小康以跻大同。所谓“大道之行”，就不至托诸空想了。